청소년을 위한

이야기 수학

우리를 둘러싼
일상 속 수학의 원리

청소년을 위한 이야기 수학

아드리안 파엔사 지음
최유정 옮김

해나무

이 책을 부모님 에르네스토와 프루마님께 바친다.

그분들께 내 모든 걸 빚졌다.

내 사랑하는 누이 라우라에게,

내 조카 로레나, 알레한드로, 막시모, 파울라, 이그나시오,

브렌다, 미겔리토, 사비나, 비비아나, 솔레다드, 마리아 호세, 발렌틴,

가브리엘, 막스, 위트니, 아만다,

조나단, 메건, 채드에게,

그리고 카를로스 그리구올에게도 이 책을 바친다.

엘레나, 미리암, 데야 고모,

기도 페스킨, 레온 나훈델, 매니 크레이터,

노에미 쿠뇨에게도 감사의 말을 전한다.

기획자의 말

디에고 골롬벡

(과학자, 아르헨티나 퀼메스 국립대학교 교수)

하루 종일 마음을 사로잡는 책이 있다. 좋은 책이다. 1년 내내 기억나는 책이 있다. 더 좋은 책이다. 여러 해가 지나도 떠오르는 책도 있다. 아주 좋은 책이다. 마지막으로 인생을 살아가는 내내 곱씹게 되는 책도 있다. 반드시 옆에 쥐고 있어야 하는 책이다. 이 책이 바로 그런 책이다. 일단 문을 열면 수많은 질문과 수수께끼, 너무 커서 무한한 (그리고 무한하게 다양한) 수, 친구끼리 대화할 때 꼭 얘기하고 싶은 인물들이 와르르 쏟아져 나와 우리를 사로잡는 보물 상자와도 같은 책이다.

아드리안 파엔사는 수학이 왜 악명 높은지 스스로에게 질문을 던진다. 그리고 특히 우리가 패턴과 규칙성을 찾는 탐구를 좀 더 쉽게 받아들일 수 있도록 고심에 고심을 거듭한다. 우리는 그의 열정에 영락없이 물들고 만다. 궁금한 것도 많고 호기심도 많은 파엔사는 수학이 지배하는 우주로 우리를 감싸 안는다. 그 우주는 이야기하고 가르치는 데 전념해온 그의 삶에서 친구와 수수께끼, 교육과 일화를 배제하지 않는 우주이다.

이 책의 일부는 파엔사가 〈아르헨티나의 과학자들〉이라는 TV 강연 프로그램에서 제공한 내용이다. 이 프로그램에는 매주 모자나 룰렛 혹은 생일에 관한 수학 문제를 꼼꼼하게 풀어주는 코너가 있는데, 대중이 가장 기다리는 시간이기도 하다. 하지만 모든 이야기는 이 책 덕분에 드넓고 너그러운 우주로 새롭게 편입된다. 바로 아드리안 파엔사의 우주이다.

이 책은 다양한 난이도의 수많은 예시를 통해 우리를 새로운 풍경으로 이끈다. 아주 즐겁고 편안하게 읽을 수 있는 재미있는 이야기도 있고, 진짜로 이과 전공 학생들에게 제시되는 과감한 추론과 증명을 여러분이 직접 도전해보라고 소개하는 장도 있다(몇몇 내용은 파엔사가 부에노스아이레스 대학교 자연과학대학에서 가르치는 것과 똑같은 주제를 담고 있다). 그러니 우리는 파엔사의 수학 나라 모험에 감탄하는 한편, 대수학이나 해석학 교실의 칠판 앞에서 이과 학생이 되어보는 놀이도 할 수 있을 것이다.

여러분은 수학에게 "어디에 있니?"라고 묻고 있을 테지만, 수학은 틀림없이 일상의 아주 가까운 곳에서 우리가 발견해주기만을 기다리고 있다. 이 책은 최고의 길잡이다. 이제 우리는 탐험을 떠날 수 있다.

이 책은 수학의 대중화를 위해 기획되었다. 자기 직업의 굉장하고 위대한 측면부터 사소한 측면까지, 이제 연구실 밖으로 고개를 내밀고 모든 걸 이야기할 시간이라고 생각하는 수학자에 의해 집필되었다. 만일 연구실 안에 계속 갇혀 있다면 쓸모없어질 지식을 함께 나누고 이야기하기 위해서 말이다.

차례

1장 흥미로운 수

2장 수학자의 고민

3장 확률과 추정

4장 수수께끼 같은 문제

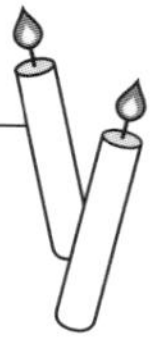

5장 궁리와 호기심

들어가며

공주가 내민 손

위대한 사람은 생각에 대해 이야기하고,
평범한 사람은 사물에 대해 이야기하며,
시시한 사람은 남들에 대해 이야기한다.
— 아주 오래전 미국에서 본 자동차 범퍼에 적힌 문구

수학자가 아닌 일반 대중에게 수학 강연을 할 때마다 내가 항상 들려주는 이야기가 있다. 방식도 늘 똑같다. 청중에게 양해를 구한 다음 훌륭한 수학자이자 음악가이며 유대교 신비주의 카발라의 권위자이기도 한 뛰어난 인물 파블로 암스테르의 이야기를 들려주는 것이다. 이 이야기는 파블로가 부에노스아이레스 대학교의 미술 전공자를 대상으로 진행한 수학 강연에서 들려준 것이다. 이 멋진 이야기, "공주가 내민 손"을 여러분과 함께 나누고 싶다.

체코의 한 유명한 애니메이션 시리즈는 수많은 사람에게 청혼을 받는 공주의 이야기를 연속해서 보여줍니다. 청혼자들은 공주를 설득해야 해요. 회차별 에피소드마다 청혼자들은 공주의 마음을 사로잡기 위해 매우 다양하고 창의적인 시도를 보여줍니다.

청혼자들은 한 사람씩 차례대로 등장하여 때로는 아주 소박하게 때로는 아주 근사하게 구애를 합니다. 하지만 공주에게 손톱만큼이라도 감동을 준 사람은 아무도 없죠.

제가 기억하기로는 비처럼 쏟아지는 불빛과 별빛을 보여준 사람도 있었고 웅장하게 날아올라 멋지게 비행하며 하늘을 수놓는 사람도 있었습니다. 하지만 다 꽝이었어요. 매 회차 마지막에 등장하는 공주의 얼굴에서는 어떠한 미동도 찾아볼 수가 없습니다.

시리즈를 마무리하는 에피소드는 뜻밖의 결론을 내놓습니다. 마지막 청혼자는 앞선 청혼자들의 놀라운 구애와는 다른 모습을 보여줍니다. 겸손한 몸짓으로 망토 속에서 안경을 꺼내 공주에게 써보라고 건넨 거예요. 이에 공주는 안경을 쓰고 빙그레 미소를 지으며 마지막 청혼자의 손을 잡습니다.

이 이야기는 여러 가능한 해석까지 생각하지 않더라도 대단히 매력적입니다. 에피소드 하나하나가 매우 아름답게 끝나죠. 그럼에도 오로지 최종 결말에 이르러서야 이 모든 이야기가 제대로 마무리되었다는 느낌을 줍니다.

사실상 이야기 전반에 걸쳐 흥미로운 긴장감이 흐르고 있어요. 그 긴장감 때문에 우리는 어느 시점에 이르기 전까지 공주의 마음을 움직이는 선물은 '아무것도 없을 것'이라 생각하게 되죠.

에피소드가 진행되면서 공주의 마음을 사로잡을 무기가 대거 소진되어갈 때마다 우리는 만족할 줄 모르는 공주에게 단단히 화가 납니다. 얼마나 대단한 것을 기다리고 있기에 그러는 걸까? 그런데 그 순간 불현듯 우리가 알지 못했던 새로운 정보가 불쑥 튀어나옵니다. 공주가 놀라운 광경을 앞에 두고도 마음에 동요가 일지 않았던 이유는 그녀가 멀리 있는 사물을 볼 수 없었기 때문이에요. 바로 그게 문제였어요. 만약 이 이야기가 그 사실을 조금만 더 일찍 언급했더라면 결말에 이르렀을 때 우리가 그렇게까지 놀라지는 않았을 겁니다. 애니메이션의 아름다운 영상에는 똑같이 감탄했겠지만, 공주가 근시라는 사실을 미리 알고 보면 공주의 마음을 사기 위한 청혼자들의 모습과 시도가 다소 어리석어 보였을 거예요.

하지만 우리는 그 사실을 미리 알지 못합니다. 그래서 겉으로 봐서는 부족하고 모자란 청혼자들에게 잘못이 있다고 생각하게 되죠. 다른 사람들의 실패를 알고 있는 마지막 청혼자가 한 일은 문제를 보는 초점을 바꾼 것입니다. 문제를 다른 방식으로 바라본 거예요.

지금 여러분은 이 강의가 무엇에 관한 것인지 잘 모를 겁니다[파블로가 여기서 언급하는 '여러분'이란 청중이었던 미술대학 학생들을 의미한다—저자]. 하지만 앞서 들려드린 이야기의 결말에서 우리가 깜짝 놀랐던 것처럼, 강의를 듣다 보면 크게 놀라게 될지도 몰라요. 우리는 수학에 대한 이야기를 나눌 겁니다. 아니, 이미 나누고 있어요.

사실 수학에 대해 말한다는 건 단순히 피타고라스의 정리를 보여주는 것이 아닙니다. 사랑과 공주에 대해 말하는 것이기도 하죠.

수학에도 아름다움이 존재합니다. 시인 페르난두 페소아가 말했던 것처럼 말입니다. “뉴턴의 이항 정리는 〈밀로의 비너스〉만큼이나 아름답다. 그런데 문제는, 그걸 깨닫는 사람이 거의 없다는 것이다.”

깨닫는 사람이 거의 없다는 것……. 바로 이 문제 때문에 공주 이야기를 꺼낸 겁니다. 마지막 청혼자가 추측했듯이 “이 나라가 가장 흥미로운 이유는 나라가 보이지 않기 때문”입니다(벨기에 시인 앙리 미쇼의 시 「마술의 나라」에서 인용한 것입니다).

저는 앞선 청혼자들의 입장에서 생각하기 일쑤였습니다. 가장 아름다운 수학 문제를 보여주려고 항상 최선을 다했지만 저의 열정적인 시도는 대체로 기대하던 답을 얻지 못했죠. 그 사실을 인정해야 합니다.

그래서 이번에는 마지막 회차의 겸손한 남자의 입장에서 생각해보려 합니다. 영국의 철학자 알프레드 화이트헤드에 따르면 “인간의 재능 중 가장 독창적인 창조물”은 바로 수학입니다. 그러니 수학에 대해서는 할 말이 참 많을 수밖에 없어요. 그래서 이 강의를 열었습니다. 저는 사물을 다른 방식으로 바라보고 싶을 뿐입니다. 이렇게 이야기로 시작하면서요…….

파블로 암스테르의 강연은 이 책의 핵심을 곧바로 겨냥한다. 이 책의 의도는 다양한 이야기를 살펴보고 자유롭게 생각하며 대담하게 상상하는 것이다. 그리고 여러분이 흥미를 느끼는 무언가에 도달하면 그 순간 멈추는 것이다. 하지만 그 무언가는 여러분이 찾아야 한다. 그저 그런 것이 도착하기만을 기다리면 안 된다. 이 모든 것의 목적은 다음과 같다. 이를테면 수학으로든 아니면 알지 못했던 이야기로든 여러분을 흥분시키고 감동을 주고 사랑에 빠지게 하는 것. 부디 내가 그 일에 반드시 성공하기를 바란다.

1장

흥미로운 수

큰 수

큰 수? 그렇다, 큰 수. 상상하기 어려운 수. 이를테면 대외 채무가 수십억 달러에 이른다거나, 하늘에서 반짝이는 별은 지구에서 수 광년 떨어져 있다거나, DNA 분자는 30억 개의 뉴클레오티드로 구성되어 있다거나, 태양 표면의 온도는 6,000℃에 이른다는 등의 이야기를 생각해볼 수 있다. 아마 이 단락을 읽고 있는 누구든 여기에 덧붙일 만한 자신만의 예시를 가지고 있을 거라 확신한다.

이토록 엄청나게 큰 수와 마주할 때 나는 그 수를 더 수월하게 표현할 수 있는 것과 비교하고 대조해본다.

세상에는 65억이 넘는 사람들이 있다. 더 정확히 말하자면, 이미 우리는 (2005년 8월 기준으로) 63억이 넘었다(2022년 11월을 기준으로 80억 명을 돌파했다—옮긴이). 많은 것 같다. 그런데 많다는 건 무엇일까? 어디 보자, 100만과 10억은 (10억이 100만보다 0이 3개 더 많은 것을 제외하면) 서로 어떻게 다를까? 두 수를 초 단위로 생각해보자. 예를 들어 시간이 오직 초 단위로만 측정되는 어느 마을에서 누군가 범죄를 저질러 고발되었다고 가정해보자. 사건의 중재를 맡은 판사 앞에서 검사와 변호사가 서로 맞선다. 검사는 피고에게 10억 초를 구형한다. 변호사는 검사에게 "제정신이냐"고 말하며 100만 초만을 받아들일 용의가 있음을 알린다. 판사는 초 단위 형식으로 시간을 재는 데 익숙해서 두 사람이 각각 주장하는 시간 사이에 하늘과 땅만큼의 차이가 있음을 알고 있다. 여러분은 차이가 심한 이유를 알겠는가?

이렇게 생각해보자. 100만 초는 거의 11일 반나절이다. 반면 10억 초는…… 거의 32년이다!

이 예시는 우리가 일상생활에서 사용하는 수조차 그것이 무엇을 나타내는지 잘 모른다는 것을 보여준다. 다시 지구인 이야기로 돌아가보자. 만일 우리가 60억 명이고 모두의 사진을 한 책에 담는다면, 그래서 한 쪽당 10명씩 배치하되 양면을 모두 활용하면서 종이 두께를 10분의 1mm로 정한다면…… 책의 높이는 무려 30km나 될 것이다!

게다가 사진을 너무나도 보고 싶어 하는 누군가가 10명의 사진이 실린 책 한 쪽을 훑어보는 데 1초가 걸린다면, 매일 16시간을 쏟아붓는다고 가정했을 때 약 28년 6개월이 걸릴 것이다. 그런데

2005년에 시작해서 마지막 쪽에 이르게 될 2033년 무렵에는 우리 인구가 20억 명 더 늘어나 있을 것이므로 책장 수는 더 불어나서 10km만큼 더 두꺼워져 있을 것이다.

이제 우리 모두를 전부 한곳으로 모으려면 얼마만 한 장소가 필요할지 생각해보자. 텍사스(알래스카를 제외하면 미국에서 면적이 가장 넓은 주)는 전 세계 인구를 수용할 수 있을까? 그렇다. 텍사스의 거주 가능 공간은 대략 420,000km^{2}이다. 그래서 세상 모든 사람이 텍사스에 모이면 각자 70m^{2}의 생활 공간을 얻을 수 있다. 나쁘지 않은 공간이다.

이제 우리 모두 저마다 넓이가 900cm^{2}인 타일 위에 자리를 잡고 줄을 서보자. 그러면 전 인류가 형성하는 줄이 1,800,000km 넘게 이어질 것이다. 적도의 나라 에콰도르를 통과하여 지구를 45바퀴 돌 수도 있는 길이다.

자, 이제 우리가 모두 영화배우로 변신해서 스타가 되어 함께 영화를 찍는다면 과연 무슨 일이 일어날까? 한 사람당 기껏해야 15초(즉 한 사람당 7m가 채 안 되는 셀룰로이드 필름의 분량 정도로) 등장한다면 대략 4000만 km 길이의 인화지가 필요하다! 게다가 누군가 그 영화를 보려고 한다면 25,000,000시간 동안, 즉 1,041,667일이자 대략 2,853년이란 시간 동안 영화관에 꼬박 앉아 있어야 한다. 그나마도 내내 잠을 자지 않고 밥도 안 먹고 아무것도 하지 않기로 마음먹어야 비로소 가능한 일이다. 그러니 일단 뿔뿔이 흩어져서 각자 영화를 보고 다시 만나서 가장 좋았던 장면을 서로 얘기해보면 어떨까 제안해본다.

큰 수 더하기: 체스판의 무게

이 주제에 더할 예시가 하나 더 있다. 누군가에게 '기하급수적 증가' 개념을 설명하면서 수가 어떻게 '기하급수적'으로 증가하는지 알려주며 깜짝 놀라게 하길 즐기는 사람들에게 잘 알려진 이야기이다.

바로 쌀알과 얽힌 이야기이다. 어느 왕국의 왕이 자신의 목숨을 구한 충성스러운 신하에게 상을 내리려고 했다. 신하는 왕에게 체스판 하나를 다 채울 수 있는 만큼의 쌀알이면 그걸로 충분하다고 말했다. 단, 체스판의 첫 번째 칸에 쌀 한 톨, 두 번째 칸에 두 톨, 세 번째 칸에 네 톨, 네 번째 칸에 여덟 톨, 다섯 번째 칸에 열여섯 톨, 여섯 번째 칸에 서른두 톨을 놓는 식으로 체스판의 모든 칸을 다 돌 때까지 매번 앞선 수의 2배씩 늘리면서 쌀알을 채워달라고 요청했다. 하지만 머지않아 왕은 왕국의 쌀을 모조리 동원해도 자신을 구한 '구원자'의 요구를 충족시키지 못한다는 사실을 깨닫게 되었다.

예시를 살짝 바꿔보자. 쌀알 대신에 1g짜리 순금 알갱이를 놓는다면 어떨까? 쌀알을 놓다가 극심한 곤경에 빠진 왕이 만일 순금 알갱이를 놓아야 했다면 분명 더 최악의 상황에 빠졌을 것이다. 하지만 내가 묻고 싶은 질문은 다른 것이다. 왕이 신하의 요구를 충족시키는 데 성공했더라면 체스판 무게는 얼마나 나갔을까? 말하자면, 신하가 요구한 방식에 따르되 쌀알이 아닌 순금 알갱이를 체스판에 올려놓는다면 그 체스판을 어떻게 들어 올릴 수 있을까? 아울러 순금 알갱이를 매초 한 알씩 주머니 속에 계속 넣는다면 과연 얼마큼의 시간이 걸릴까?

체스판에는 64개의 작은 사각형이 그려져 있으니 '순금 알갱이 1경 개'가 놓이게 된다! 혼란스러운 수가 다시 등장했다. 어떤 사물의 수가 '1경'이라는 의미는 어느 누구라도 막연하게나마 생각조차 하기 어렵다. 그 사물을 더 친근한 것과 비교해보자. 앞서 말했던 것처럼 순금 알갱이 한 알의 무게가 딱 1g이라면 우리는 이렇게 물을 수 있다. "1경 g은 도대체 어느 정도 되는 수일까?"

이것은 1조 톤에 해당하는 무게다. 그러나 여전히 문제는 남아 있다. 어느 누가 단 한 번이라도 무게가 '1조 톤'이 나가는 물체를 가져본 적이 있을까? 이 무게는 총 440명의 승객과 승무원이 탑승하고 20시간 비행에 필요한 연료를 가득 실은 보잉 777 항공기 40억 대의 무게와 맞먹는다. 어쨌든 조금이나마 생각의 진전을 이루었지만, 40억이 얼마큼인지 또다시 궁금해할 수밖에 없을 것이다.

한편 순금 알갱이를 1초에 한 알씩 굉장히 빠른 속도로 주머니에 넣을 수 있다면 순금 알갱이를 전부 주머니에 넣는 데 시간이 얼마나 걸릴까? '1경 초'가 걸릴 것이다! 하지만 1경 초는 얼마나 큰 시간일까? 어떻게 하면 그 수를 우리에게 익숙한 것으로 만들 수 있을까? 이를테면 1000억 년 이상 걸린다고 생각하면 그걸로 충분하다. 여러분은 어떨지 모르겠지만 나는 차라리 다른 일을 하는 데 시간을 쓸 것이다.

우주의 원자

재미 삼아 큰 수를 하나 더 보여주려 한다. 우주에 있는 원자의 개수는 총 2^{300}개로 추정된다. 2^{10}이 대략 10^3이니, 2^{300}은 10^{90}에 가깝다. 이렇게 숫자를 바꾼 이유는 우주에는 '1 뒤에 0이 90개'가 이어지는 수만큼의 원자가 있다는 이야기를 전하고 싶어서다.

광년이란 무엇일까?

광년이란 시간의 단위가 아닌 거리의 단위이다. 빛이 1년 동안 주파하는 거리를 측정한 것이다. 더 자세히 살펴보기 위해 빛의 속도가 초당 30만 km라고 가정해보자. 이 수에 (분 단위로 변환하기 위해) 60을 곱하면 분당 1800만 km가 된다. 그런 다음 다시 60을 곱하면 시간당 10억 8000만 km로 변환되고, 또다시 24를 곱하면 빛은 하루에 총 259억 2000만 km를 여행하는 셈이 된다. 마지막으로 365를 곱하면, 1광년(즉, 빛이 1년 동안 이동하는 거리)은 대략 9조 4600억 km가 된다.

이제 여러분은 1광년이 얼마인지 질문받을 때마다 그것이 거리를 측정하는 단위로서 거의 9조 5000억 km나 된다고 자신 있게 말할 것이다. 보라, 아주 먼 거리다.

흥미로운 수

지금 나는 모든 자연수가 '흥미로운' 수라는 사실을 증명하려고 한다. 당연히 가장 먼저 떠오르는 질문은 다음과 같다. 수가 흥미롭다는 것은 무슨 뜻일까? 예를 들어 다른 수와 구분되는 점, 다른 수보다 강조할 만한 점, 혹은 어떤 우월함이나 특수함이 있을 때 우리는 그 수를 흥미롭다고 말할 것이다. 이제 내가 '흥미롭다'라고 말하면 그게 무슨 뜻인지 이해하리라 생각한다. 자, 함께 증명해보자.

1은 흥미롭다. 모든 수 중 첫 번째 수이기 때문이다. 모든 자연수 중 가장 작다는 사실로 다른 수들과 구분된다.

2는 여러 이유로 흥미롭다. 첫 번째 짝수이자, 첫 번째 소수[1]이기 때문이다. 이 두 가지 논거만으로도 2를 다른 수들과 구분해낼 수 있다.

---

1 나중에 살펴보겠지만 소수란 오직 1과 자기 자신으로만 나눌 수 있는 수이다.

3도 흥미롭다. (수많은 이유가 있을 수 있지만 그중 하나만 택한다면) 첫 번째 홀수인 소수이기 때문이다.

4가 흥미로운 이유는 2의 거듭제곱이기 때문이다.

5는 소수라서 흥미롭다. 여기서부터 우리는 소수라는 것이 그 수를 구분하는 강력한 특성이라는 점에 동의할 수밖에 없다. 그러면 굳이 다른 논거를 찾지 않더라도 그 수가 흥미롭다고 볼 수 있다.

조금 더 진행해보자.

6은 흥미롭다. 2의 거듭제곱이 아닌 첫 번째 합성수(즉 소수가 아닌 수)이기 때문이다. 사실 첫 번째 합성수는 4이지만, 4는 2의 거듭제곱이라는 사실을 명심해야 한다.

7은 흥미롭다. 소수이기 때문에 더는 논쟁할 필요도 없다.

이렇게 계속 이어나갈 수 있다. 내가 여러분과 증명하고 싶은 명제는 다음과 같다. "어떤 양수가 주어지든 항상…… 정말 항상…… 흥미롭거나 매력적인, 혹은 다른 것과 구분할 수 있는 수인 이유가 있다."

만일 수의 개수가 무한하다면 이 명제를 어떻게 증명할 수 있을까? 명제가 거짓이라고 가정해보자. 그렇다면 흥미롭지 않은 수도 있다는 뜻이 된다. 그 수들을 주머니에 넣자(주머니가 비어 있지 않다고 가정하자). 즉, 흥미롭지 않은 수로 가득한 주머니가 있다고 생각해보자는 것이다. 하지만 우리는 이 주머니가 모순으로 향하는 것을 보게 된다. 주머니 속 모든 수는 자연수, 즉 양수이므로 그 주머니에는 반드시 첫 번째 원소가 들어 있어야 한다. 주머니

속 모든 수 가운데 가장 작은 수 말이다.

바로 그때, '흥미롭지 않은' 첫 번째 수가 '흥미로운' 수로 변신한다. '흥미롭지 않은 모든 수 가운데 첫 번째 수'라는 사실로 인해 다른 수와 구분되기 때문인데, 이것은 그 수가 흥미롭다고 볼 이유로 충분하다. 그렇지 않은가? 이 오류는 '흥미롭지 않은' 수가 있다는 가정에서 야기된 것이다. 그렇다면 이 가정은 틀렸다. (흥미롭지 않은 수들이 들어 있는) 주머니에는 원소를 넣을 수 없다. 만약 원소를 넣는다고 해도 그중 하나는 첫 번째 원소가 될 것이다. 따라서 주머니에 들어간 바람에 '흥미롭지 않은' 수가 되어야 했을 그 수는 갑자기 '흥미로운' 수로 바뀔 것이다.

교훈: 모든 자연수는 흥미로운 게 맞다.

약간의 수학을 이용해서 계약을 따내는 방법

우리는 증권 거래소에서 무슨 일이 일어날지 예측하는 훈련을 받은 사람이나 미래를 점치는 용한 점술가인 척할 수 있다. 수가 거듭제곱으로 증가하는 속도를 이용하는 것만으로 충분하다.

이건 아주 흥미로운 예시이다. 우리가 128,000명의 데이터베이스를 가지고 있다고 가정해보자(혹시 몰라서 그러는데, 이게 그렇게 많은 수라고 생각하지는 말라. 대부분의 큰 기업은 그 정도 분량은 보유하고 있거나 이미 구매해서 연구하고 있다). 논의를 작은 수로 시작할 수도 있겠지만 그렇게 한다 해도 결과는 똑같을 것이다.

증권 거래소에서 어떤 주식이나 상품을 선택해 가격을 매기는 상황을 생각해보자. 이 생각을 좀 더 구체적으로 다듬기 위해 금값을 정한다고 가정해보자. 여러분은 어느 일요일 오후에 컴퓨터 앞에 앉아 있다. 여러분이 보유한 데이터베이스를 검색하여 거기 적힌 모든 사람의 이메일 주소를 선택한다. 그래서 그중 절반(64,000명)에게 내일(월요일) 금값이 오를 거라는 이메일을 보낸다. 그리고 다른 절반에게는 반대되는 내용의 이메일, 즉 금값이 내려갈 거라는 이메일을 보낸다. 그 이유는 앞으로 명확해질 것이다.

어느새 월요일이 되고 하루가 끝났다. 금값은 올라갔거나 내려갔다. 만약 올랐다면 금값이 오를 거라는 참된 내용의 메일을 받은 사람이 64,000명 존재하는 것이다.

대단하긴 하지만 정작 중요한 문제는 비껴간 것 같다. 어느 날 금값이 어떻게 될지 미리 알아맞히는 것과는 사실상 상관이 없지 않은가? 그러나 이 생각을 계속 이어가보자. 월요일 밤, 여러분은 금값이 오를 거라는 첫 번째 메일을 받은 64,000명 중 절반(32,000명)을 선택하여 화요일에 다시 금값이 오를 거라고 알려준다. 나머지 절반인 32,000명에게는 금값이 내려갈 거라는 이메일을 보낸다.

다시 화요일 밤, 여러분의 메일이 월요일에 이미 적중했고 화요일에도 적중했다고 아는 32,000명이 존재할 것이다. 이제 이 과정을 반복해보라. 다시 절반으로 나누어 16,000명에게는 금값이 오를 거라고, 나머지 반인 다른 16,000명에게는 금값이 내릴 거라고 또 한 번 알려준다. 그 결과, 수요일이 되면 월요일, 화요일, 수요일에 금값을 예측한 메일을 받은 16,000명의 사람이 존재할 것이다. 그들 입장에서 여러분은 세 번이나 적중한 셈이다.

한 번 더 반복해보라. 목요일이 끝날 때에는 여러분이 네 번 적중했다는 사실을 아는 사람이 8,000명 존재하게 된다. 그리고 금요일 밤에는 4,000명이 될 것이다. 잘 생각해보자. 금요일 밤에는 여러분이 금값을 단 한 번도 틀리지 않고 매일 정확히 맞히는 것을 본 4,000명이 존재한다는 것이다. 물론 다음 주에도 이 과정을 계속 이어갈 수 있다. 그다음 월요일에는 2,000명을, 화요일에는 1,000명을 확보할 수 있다. 수요일에는 여러분으로부터 지난 열흘 동안 날마다 금값을 예측한 메일을 받은 사람이 500명이나 있게 된다.

여러분 중 누군가가 이 사람들에게 연봉으로 1,000달러를 지급받는 컨설턴트로 고용해달라고 요청한다면…… 여러분의 서비스를 본 사람들은 그 자리에서 계약하자고 할 것이다(나는 낯부끄러워서 매달 월급을 받고 싶지는 않다). 열흘 동안 계속해서 적중했으니 말이다.

이 아이디어를 바탕으로 데이터베이스의 규모가 크건 작건 예측하는 이메일을 발송하기만 한다면, 여러분의 예측을 신뢰하는 그룹을 확보할 수 있다. 그렇게 우리가 원래 의도했던 대로 돈을

벌 수 있다.[2]

힐베르트 호텔

무한집합에는 언제나 매력적인 측면이 있다. 직관을 거스르기 때문이다. 이 세상에 무한한 수의 사람이 있다고 가정해보자. 그리고 어느 도시에 방이 무한개 있는 호텔이 있다고 해보자. 객실마다 자연수로 번호가 매겨져 있다. 첫 번째 방은 1, 두 번째 방은 2, 세 번째 방은 3…… 과 같은 식으로 쭉 이어진다. 각 객실 문에 신분증 역할을 하는 표시판이 붙어 있는 셈이다.

이제 모든 객실이 꽉 차 있고 방마다 한 사람씩만 투숙하고 있다고 가정해보자. 이때 한 남자가 잔뜩 피곤한 얼굴로 호텔에 도착한다. 밤이 늦은 터라 남자는 어서 입실 수속을 마치고 방에 들어가 쉬고 싶은 마음뿐이다. 그러나 프런트 직원은 "고객님, 죄송하지만 '모든' 객실이 다 차서 묵을 수 있는 빈방이 하나도 없습니다"

---

2 나는 일부러 금값이 동일하게 유지되는 사례는 배제했다. 결과에 영향을 미치지 않기 때문이다. 여러분은 어떤 그룹에게는 금값이 오르거나 일정하게 유지될 것이라고 말하고, 또 다른 그룹에게는 하락하거나 일정하게 유지될 것이라고 말할 수 있다. 금값이 그대로 유지되면 두 그룹으로 나누지 않고 그 과정을 반복한다. 마치 그날이 오지 않았던 것처럼 말이다. 한편 여러분이 128,000명보다 더 큰 규모의 데이터베이스를 얻을 수 있다면 이 과정을 계속 진행해보라. 여러분은 열흘 후 더 많은 고객을 확보하게 될 것이다.

라고 말한다. 방금 도착한 남자는 믿을 수 없다는 듯이 묻는다.

"어떻게 그럴 수 있죠? 이 호텔에는 방이 무한개 있지 않나요?"

"그렇습니다."

"그렇다면 어떻게 빈방이 없다고 말할 수 있습니까?"

"그렇긴 하지만 전 객실은 다 찼습니다."

"보세요, 그 대답은 말이 안 됩니다. 해결책을 모르신다면 제가 좀 도와드리죠."

자, 이쯤에서 여러분이 해결책을 생각해보면 좋겠다. 만약 호텔에 객실이 무한개 있다면, 빈방이 더는 없다는 호텔 직원의 말은 과연 맞는 것일까? 여러분은 해결책이 떠오르는가?

자, 시작해보자.

"보세요." 여행객이 말을 이어간다. "1번 방 고객에게 전화해서 2번 방으로 가라고 얘기하세요. 2번 방 고객에게는 3번 방으로, 3번 방 고객에게는 4번 방으로 가라고 하세요. 그렇게 계속해보세요. 그런 식으로 해도 모두가 처음처럼 아무와도 방을 공유하지 않을 거예요. 그러나 차이가 있습니다. 이제는 빈방이 하나 남는다는 거죠. 1번 방 말입니다."

호텔 직원은 믿지 못하겠다는 듯 여행객을 쳐다보았지만 그가 하는 말은 이해한다. 문제는 해결되었다.

자, 그런데 몇 가지 문제가 더 있다.

① 고객이 1명 도착하는 대신 2명 도착한다면 어떻게 될까? 이

문제를 해결할 수 있을까?

② 2명 대신 100명이 도착한다면 어떨까?

③ 밤중에 예기치 않게 n명의 고객이 도착한다면(여기서 n은 임의의 수이다) 어떻게 문제를 해결할 수 있을까? 여행객의 수와는 무관하게 문제를 항상 해결할 수 있을까?

④ 만약 무한히 많은 사람이 도착한다면 어떨까? 그 경우에는 무슨 일이 일어날까?

정답은 책 말미의 '해법'에서 찾을 수 있다.

나를 따라 반복하세요. 0으로는 나눌 수 없다!

모든 상품의 가격이 1,000달러인 어느 상점에 들어간다고 상상해보자. 정확히 그 금액, 즉 1,000달러만 들고 그곳에 입장한다. 여러분에게 얼마큼의 물건을 살 수 있을지 묻는다면 내 생각에 그 대답은 뻔하다. 딱 하나뿐이다. 반면 상점에 있는 모든 상품이 500달러라면 이번에는 여러분이 가져온 1,000달러로 물건 2개를 살 수 있다.

잠깐, 계속 이어간다고 해서 내가 미쳤다고 생각하지는 말아달라(난 예전부터 미쳐 있었다). 나를 따라 추론해보자. 지금 상점에서 거래하는 물품이 단돈 1달러라면 여러분은 1,000달러로 정확히 1,000개의 물품을 살 수 있다.

보다시피 가격이 내려갈수록 구매할 수 있는 물품의 수량이 증가한다. 같은 생각을 계속 따라가보자. 물품의 가격이 10센트(0.1달러)라면 10,000개를 살 수 있을 것이다. 가격이 1센트(0.01달러)라면 100,000개를 살 수 있다.

즉, 상품 가격이 내려갈수록 더 많은 수량을 구매할 수 있다. 제품의 값을 점점 낮춘다면, 구매할 수 있는 상품의 수는 언제나 원하는 만큼 증가한다. 그런데 물건 값이 공짜라면 어떨까? 사는 데 비용이 전혀 들지 않는다면? 물건을 얼마만큼 가져갈 수 있을까? 잠깐 멈추고 생각해보라.

상점에서 파는 물품을 사는 데 아무 비용도 들지 않는다면 여러분은 모든 물건을 그냥 가져갈 수 있다. 따라서 1,000달러가 있든 없든 상관이 없다. 이 생각을 염두에 두면 1,000달러를 '공짜 물건을 살 수 있는 수량으로 나누는 것'은 전혀 말이 되지 않는다고 말할 수 있다. 어떤 의미에서 나는 '0으로 나누는 것은 말이 되지 않는다'는 결론에 여러분을 초대하는 중이다. 지금까지 전개한 생각을 정리해서, 구매할 수 있는 물품의 수량을 목록화해보자.

가격이 내려갈수록 1,000달러로 살 수 있는 물품의 수량이 증가한다. 가격을 계속 낮춘다면 오른쪽 열의 수량은 계속 증가할 것이다……. 하지만 마침내 물품당 가격이 0인 시점에 도달하면 그때 오른쪽 열에 넣어야 할 수량은…… '무한'이 될 것이다. 다시 말해 우리는 모든 물품을 다 가져갈 수 있다.

물품당 가격	1,000달러로 살 수 있는 수량
1,000달러	1
500달러	2
100달러	10
10달러	100
1달러	1,000
0.1달러	10,000
0.01달러	100,000

교훈: 0으로는 나눌 수 없다.

내 말을 따라 반복하라. 0으로는 나눌 수 없다! 0으로는 나눌 수 없다!

1=2의 모순

임의의 수, a와 b가 있다고 해보자.

아울러 다음의 식이 성립하다고도 가정해보자.

$$a=b$$

나를 따라 추론해보라. 양쪽 변에 a를 곱하면 다음처럼 된다.

$$a^2 = ab$$

이제 양쪽 변에 $(a^2 - 2ab)$를 더해보자. 그렇다면 결과는 다음과 같다.

$$a^2 + (a^2 - 2ab) = ab + (a^2 - 2ab)$$

동류항끼리 묶어 계산하면,

$$2a^2 - 2ab = a^2 - ab$$

각 변에서 공통 인수를 빼서 정리하면,

$$2a(a - b) = a(a - b)$$

그러고 나서 양쪽 모두를 $(a - b)$로 나누면 결과는 다음과 같다.

$$2a = a$$

이제 양쪽 변을 a로 나눠보자.

$$2 = 1$$

어디에서 오류가 발생했을까? 분명 어딘가에서 오류를 범했을 것이다. 그렇지 않은가? 어쩌면 이미 눈치챘을지도 모른다. 여러분이 각 단계를 꼼꼼하게 읽고 어디에서 오류가 생겼는지 찾아보길 바란다.

답은 책 말미의 '해법'에 있다.

3x+1의 문제

여기에서 연습 문제를 함께 풀어보자. 물론 내가 여기(여러분이 이 책을 읽고 있는 장소)에 여러분과 함께 있는 것도 아니고, 여러분 또한 여기(내가 컴퓨터 앞에 앉아서 이 글을 쓰고 있는 장소)에 나와 함께 있는 것도 아니다. 여담은 이쯤 해두고 추론을 시작해보자.

함께 자연수(양수)의 수열을 만들어보자. 규칙은 다음과 같다. 임의의 한 수로 시작하자. 예를 들어 7을 선택하자. 이 수가 우리 수열의 첫 번째 원소가 될 것이다.

두 번째 원소는 다음과 같이 정한다. 앞선 원소가 짝수라면 그 수를 2로 나눈다. 반대로 홀수라면 그 수를 3으로 곱하고 1을 더한다. 방금 들었던 예시에서는 선택한 수가 7이므로 짝수가 아니기 때문에, 7에 3을 곱하고 1을 더해야만 한다. 즉 22가 얻어진다. $3\times7=21$이고, 여기에 1을 더하면 22가 되기 때문이다.

이제 우리는 두 원소를 갖게 된다: {7, 22}.

수열의 세 번째 원소를 만들려면 다음처럼 해야 한다. 22는 짝수이니 2로 나누어 11을 얻는다. 이제 우리는 {7, 22, 11}을 갖게 된다.

11은 홀수이기 때문에 규칙에 따라 다음 명령을 수행해야 한다. "그 수를 3으로 곱하고 1을 더하라." 그 결과는 34이다. 우리는 {7, 22, 11, 34}를 갖게 된다. 그런 다음 34는 짝수이므로 수열의 다음 원소는 17이다. 그리고 그다음은 52이다. 그다음은 26. 그다음은 13. 그리고 40으로 이어진다. 그다음은 20이다(여기까지 우리는 {7, 22, 11, 34, 17, 52, 26, 13, 40, 20}을 갖는다). 계속해서 짝수는 2로 나누고, 홀수는 3을 곱하고 1을 더해간다.

{7, 22, 11, 34, 17, 52, 26, 13, 40, 20, 10, 5, 16, 8, 4, 2, 1}

그리고 1에서 멈춘다. 이제 또 다른 임의의 수, 이를테면 24를 선택하여 시작해보자. 최종 수열은 다음과 같다.

{24, 12, 6, 3, 10, 5, 16, 8, 4, 2, 1}

100으로 시작한다면, 결과는 다음과 같다.

{100, 50, 25, 76, 38, 19, 58, 29, 88, 44, 22, 11, 34,
17, 52, 26, 13, 40, 20, 10, 5, 16, 8, 4, 2, 1}

보다시피 내가 선택한 모든 수열은 1로 끝난다. 미리 말하진 않았지만, 사실 우리의 과정은 1에 도달하면 중단될 수밖에 없다. 1부터는 순환에 빠지기 때문이다. 1에서 4로, 4에서 2로, 2에서 다시 1로 돌아온다는 뜻이다. 그런 이유로 우리는 수열을 만들다가 1에 도달하면 그 과정을 중지한다.

2005년 8월을 기준으로 지금까지 알려진 모든 예시에서 수열은 늘 1에서 끝난다. 하지만 우리가 어떤 수로 이 과정을 시작하든 간에 마찬가지의 결과가 나온다는 명제는 어떻게 증명할 수 있는지 밝혀지지 않았다.

이 문제는 "$3x+1$의 문제" 혹은 "콜라츠 추측" "시러큐스 문제" "가쿠타니 문제" "하세의 알고리즘" "울람의 추측"으로 불린다. 보다시피 이름은 많은데 아무런 해답이 없다. 여러분이 시도해볼 좋은 기회이다. 그런데 한 가지 짚고 넘어가고 싶다. 수학에 문외한인 사람이 충분한 문제 해결 방법을 가지고 있을 가능성은 매우 낮다는 것이다. 추정컨대 이 문제에 도전할 능력자는 세상에 오직 20명만 있다. 하지만 그렇다고 해서 수학 훈련을 얼마나 받았든 간에 여러분이 아무도 생각해본 적 없는 아이디어를 떠올릴 수 없다는 뜻은 아니다. 또 그렇다고 해서 그 문제가 '뛰어난 20명의 집단'에 속하지 않는 누군가에 의해 풀린다는 뜻도 아니다.

여러분이 방금 읽은 이 문제는 수학자가 아직 풀지 못한 긴 목록의 하나이다. 다른 과학에서는 이런 점을 받아들이기가 쉽다. 몇 가지 예를 들면, 의학은 일부 종류의 암이나 알츠하이머병을 어떻게 해결해야 할지 아직 모른다. 물리학은 미시 세계와 거시 세계를 통합하는 '하나의 이론'을 아직 갖고 있지 않고, 모든 소립자를 알지도 못한다. 생물학은 모든 유전자가 어떻게 작동하는지, 또 얼마나 많은 유전자가 있는지 아직 알지 못한다. 여러분이 훨씬 더 많은 사례를 더해볼 수 있을 것이다. 내가 말했던 것처럼 수학 또한 자기 나름의 목록을 가지고 있다.

종이 한 장을 몇 번이나 접을 수 있을까?

성경을 인쇄할 때 흔히 사용하는 종이처럼 아주 얇은 종이가 한 장 있다고 상상해보자. 세계 일부 지역에서 이 종이는 "성경책 종이"로 알려져 있다. 실제로는 "비단 종이"라고 하는 것 같다.

생각을 구체화하기 위해 이 종이의 두께가 1,000분의 1cm라고 해보자. 달리 표현하자면, 10^{-3}cm = 0.001cm이다. 아울러 그 종이가 신문지처럼 면적이 넓은 종이라고 해보자.

이제, 종이를 반으로 접기 시작한다.

몇 번이나 접을 수 있을 거라고 생각하는가? 또 다른 질문도 있다. 종이를 여러분이 원하는 만큼 접고 또 접을 수 있다면, 이를테면 30번 정도 접을 수 있다면, 여러분이 손에 쥐고 있을 종이는 얼마나 두꺼울까?

여기서 계속 읽어나가기 전에, 여러분이 스스로 정답을 생각해보고 그다음으로 넘어가길 권한다.

그럼, 다시 본론으로 돌아가자. 종이를 한 번 접으면 그 두께는 1,000분의 2cm가 된다. 다시 한번 더 접으면 1,000분의 4cm가 될 것이다. 종이를 접을 때마다 두께가 두 배씩 증가한다. 그래서 종이를 (항상 절반으로) 계속해서 접고 또 접는다면, 10번을 접은 후 다음의 상황에 처하게 될 것이다.

2^{10}(이것은 2를 10번 곱했다는 뜻이다) = 1,000분의 1,024cm = 거의 1cm

이것은 무엇을 의미하는가? 종이를 10번 접으면 그 두께는 1cm가 조금 넘는다는 뜻이다. 계속해서 종이를 반으로 접는다고 생각해보자. 그러면 어떻게 될까?

종이를 17번 접는다면, 그 두께는 2^{17} = 1,000분의 131,072cm, 즉 1m 조금 넘는 정도가 된다.

종이를 27번 접을 수 있다면, 그 종이의 두께는 2^{27} = 1,000분의 134,217,728cm, 즉 1,342m가 조금 넘는 정도가 된다! 거의 1km 반에 가까운 두께이니 놀랄 만하다!

잠깐 멈춰서 종이접기를 해볼 만한 가치가 있다. 성경책 종이처럼 얇디얇은 종이라도 27번만 접으면 두께가 무려 1km 반에 달하게 될 테니까.

78의 37%와 37의 78%, 뭐가 더 클까?

일반적으로 생각이 계산보다 더 중요하다. 다시 말해 수의 '무차별 대입'으로 문제에 도전하는 것이 항상 권장되지는 않는다. 예를 들어 78의 37%와 37의 78% 중에서 어떤 수가 더 큰지 질문하는 경우이다. 물론 계산을 해서 결과를 확인할 수 있지만, 나의 질문은 계산하지 않고도 결과를 확인할 수 있냐는 것이다. 78의 37%를 계산하려면 78을 37로 곱한 다음 100으로 나눠야 한다는 것을 아는 게 바로 생각이다. 계산하지 마라. 그럴 필요 없다.

마찬가지로 37의 78%를 계산하려면 37을 78로 곱한 다음 100으로 나눠야 한다. 보다시피 같은 계산이다. 곱셈이 '가환성'을 가졌기 때문이다. 이미 알고 있을 수도 있지만, 연산의 순서를 바꾸어도 곱셈 값이 달라지지 않는다는 뜻이다. 다시 말해 결과가 무엇이냐와 별도로(계산해보면 28.86이다), 둘 중 어느 쪽을 선택해도 상관없다. 즉, 둘 다 똑같다.

이진법 카드

다음의 사실에 대해 생각해보자. 여러분이 영어를 하든, 독일어를 하든, 포르투갈어나 덴마크어나 스웨덴어를 하든 상관없다.

$$153 + 278 = 431$$

누군가 이렇게 썼다면 영국, 미국, 독일, 프랑스, 포르투갈, 브라질, 덴마크에 사는 모두가 이해할 수 있다.

내가 말하려 하는 것은 숫자가 언어보다 더 '보편적'이라는 것이다. 숫자는 언어를 초월한다. 숫자의 '신성함'에 우리 모두 (모르는 사이에) 동의했기 때문이다. 뭐, 그 정도까진 아니더라도, 우리가 한때 소통하려고 맺은 합의를 초월하는 특정한 관습이 존재한다는 것을 말하고 싶다(숫자는 분명히 일종의 관습이니까).

유럽은 아라비아 숫자(오늘날 우리가 사용하는 숫자)를 새로이 채택하여 당시까지 계속해서 사용해온 숫자(로마 숫자)를 바꾸기까지 400년이 넘게 걸렸다. 유럽에 아라비아 숫자를 처음 소개한 사람은 1220년경에 활동한 그 유명한 레오나르도 피보나치였다. 어릴 적 이탈리아인 아버지를 따라 아프리카 북부를 여행했던 피보나치는 더 적절한 숫자 체계 사용의 필요성을 분명히 이해했다. 그러나 새로운 숫자 체계가 가져올 이점에 의심의 여지가 없었다고 해도, 당시 상인들은 자신들이 속임수를 쓰지 못할 수도 있음을 깨닫고 그 발전을 회피하고자 갖은 애를 썼다.

그건 그렇고, 로마인들은 0이라는 숫자를 무시했다. 로마 숫자로 계산하기의 어려움은 미래학자 후안 엔리케스가 쓴 『두려운 미래 친근한 미래』에서 다음과 같이 요약하고 있다. "로마 숫자로 436과 618을 곱해보라. 그리고 그 답이 뭔지 내게 말해보라."

자, 이제 다음과 같은 수를 생각해보자.

2,735,896

이 표기는 다음의 연산을 축약하거나 단순화하고 있는 것이다.

① 2,000,000 + 700,000 + 30,000 + 5,000 + 800 + 90 + 6

물론 여러분은 자신이 이 연산을 하고 있다는 것을 깨닫지 못하고 있다(그럴 필요도 없다). 그러나 사실 2,735,896처럼 표기하는 것은 우리가 원래 ①처럼 쓰는 수를 축약해서 표현하는 일종의 '합의'이다.

다른 식으로는 다음과 같이 작성할 수도 있다. $10^0 = 1$이라는 관습에 따라서 말이다.

② $\mathbf{2} \times 10^6 + \mathbf{7} \times 10^5 + \mathbf{3} \times 10^4 + \mathbf{5} \times 10^3 + \mathbf{8} \times 10^2 + \mathbf{9} \times 10^1 + \mathbf{6} \times 10^0$

이것은 초등학교에서 공부했던 내용인데, 선생님은 그저 '100만 단위' '10만 단위' '만 단위' '천 단위' '백 단위' '십 단위' 그리고 '일 단위'와 같은 방식으로 가르쳐주었을 뿐이다. 그 이후로 우리는 그 명명법을 사용하지도 않았고, 딱히 그걸 사용할 필요도 없었다.

재미있는 것은, 우리가 쓰는 방식으로 숫자를 사용하려면 가령 몇 만 단위인지, 몇 천 단위인지, 몇 백 단위인지 등을 말할 필요가 있다는 것이다. 그러기 위해선 식 ②의 굵은 글씨로 된 숫자가 필요하다.

그 숫자들은 우리가 '아라비아 숫자'라고 부르는 것이다. 짐작하건대 세상 사람 모두가 알다시피 총 10개다.

0, 1, 2, 3, 4, 5, 6, 7, 8 그리고 9

이제 2개의 아라비아 숫자, 0과 1만 있다고 해보자. 숫자를 어떻게 적을 수 있을까?

10개의 아라비아 숫자가 있을 때 어떤 논리를 따라 수를 표기하는지 생각해보자. 먼저 그 숫자들을 모두 따로따로 사용할 수 있다. 다시 말해 다음과 같은 식으로 쓴다. 0, 1, 2, 3, 4, 5, 6, 7, 8, 9.

그런데 숫자가 다 떨어졌다. 그러므로 그 이상의 수를 표현하려면 숫자 간의 결합이 필요하다. 다시 말해, 이제는 두 자리 숫자를 사용해야 한다. 10에서 시작해서 다음과 같이 계속 이어나간다. 11, 12, 13, 14, …… 19. 여기서 다음 숫자 2로 시작해야 한다. 20, 21, 22, 23, …… 29, 30, …… 같은 식으로 계속 이어지며, …… 97, 98, 99에 이를 때까지 계속 간다.

이 시점에서 이미 두 자리로 적을 수 있는 숫자는 모두 소진되었다. 처음 100개의 수를 나열하는 데는 성공했지만 말이다(우리가 0부터 시작했으니 99까지 딱 100개이다). 그럼 이제는? 우리는 세 자리 숫자를 사용해야 한다. 100에서 시작해서 101, 102, …… 같은 식으로 이어진다. 999에 도달한 후에는 네 자리 숫자를 써야 한다. 그렇게 계속된다. 다시 말해, 한 자리 숫자로 쓸 수 있는 모든 가능한 숫자를 소진하면 두 자리 숫자로 넘어간다. 두 자리 숫자를 소진하면 세 자리 숫자로 넘어간다. 그리고 그다음엔 네 자리 숫자로 넘어간다. 그렇게 계속된다.

그렇다면 우리가 2개의 숫자만 가지고 있을 경우, 다시 말해 0과 1만 가지고 있을 경우에는 어떻게 할까? 먼저 두 숫자를 따로따로 사용한다.

$$0 = 0$$

$$1 = 1$$

이제 다음으로 넘어가야 한다. 다시 말해 '두 자리 숫자'를 사용해야 한다(흥미롭게도 2라는 수를 표현하려면 벌써 두 자리 숫자를 사용해야 한다).

$$10 = 2$$

$$11 = 3$$

여기서 우리는 이미 두 자리 숫자로 쓸 수 있는 가능성을 전부 소진했다. 더 많은 자릿수를 사용해야 한다.

100 = 4

101 = 5

110 = 6

111 = 7

여기에서 계속하려면 자릿수가 하나 더 필요하다.

1 000 = 8

1 001 = 9

1 010 = 10

1 011 = 11

1 100 = 12

1 101 = 13

1 110 = 14

1 111 = 15

한 단계만 더 나아가보자.

10 000 = 16

10 001 = 17

$$10\ 010 = 18$$

$$10\ 011 = 19$$

$$10\ 100 = 20$$

$$10\ 101 = 21$$

$$10\ 110 = 22$$

$$10\ 111 = 23$$

$$11\ 000 = 24$$

$$11\ 001 = 25$$

$$11\ 010 = 26$$

$$11\ 011 = 27$$

$$11\ 100 = 28$$

$$11\ 101 = 29$$

$$11\ 110 = 30$$

$$11\ 111 = 31$$

이제 혼자 해볼 수 있을 것이다. 분명한 것은 32에 도달하려면 한 자릿수를 더 추가하여 100000을 써야 한다는 것이다.

숫자 2개만으로 어떤 수든 표현할 수 있다는 것이 놀랍다. 앞서 10의 거듭제곱(②)으로 수를 표현했던 것과 똑같은 방식으로 이제 2의 거듭제곱으로도 수를 표현할 수 있다. 몇 가지 예를 들어보자.

① $111 = 1 \times 2^2 + 1 \times 2^1 + 1 \times 2^0 = 7$

② $1\ 010 = 1\times2^3 + 0\times2^2 + 1\times2^1 + 0\times2^0 = 10$

③ $1\ 100 = 1\times2^3 + 1\times2^2 + 0\times2^1 + 0\times2^0 = 12$

④ $110\ 101 = 1\times2^5 + 1\times2^4 + 0\times2^3 + 1\times2^2 + 0\times2^1 + 1\times2^0 = 53$

⑤ $10\ 101\ 010 = 1\times2^7 + 0\times2^6 + 1\times2^5 + 0\times2^4 + 1\times2^3 + 0\times2^2 + 1\times2^1 + 0\times2^0 = 170$

(흥미로운 사실은 모든 짝수는 '0'으로 끝나고, 모든 홀수는 '1'로 끝난다는 점이다.)

이 시점이 되면 우리가 이진법 형태의 수를 가지고 있을 때(이진법이라고 말하는 이유는 오직 2개의 숫자 0과 1만 사용하기 때문이다) 이것을 '십진법'으로 적으려면 무슨 숫자를 사용해야 하는지가 분명해졌다고 생각한다.

아울러 중요한 점은 위의 예시에서 우리가 2의 거듭제곱에 곱하기 위해 사용하는 숫자는 오직 0과 1뿐이므로 오직 두 가지 일만 발생한다는 것이다. 거듭제곱이 수 표현에 관여하거나 그렇지 않거나. 예를 들어, 6(110)을 쓸 때 관여한 거듭제곱은 2^2와 2^1이다. 2^1에 뒤따라 나오는 2^0이란 거듭제곱은 관여하지 않는다.

바로 이것이 부록으로 수록된 "이진법 카드"의 수수께끼를 풀 수 있는 비밀이다. 예를 들어, 어떤 사람에게 0과 255 사이의 임의의 수를 선택하라고 요청해보자. 그리고 그 수를 아무에게도 말하지 말고 생각만 하고 있으라고 당부한다. 그리고 이 책에 수록된 이진법 카드를 내민다. 이제 그 사람에게 다음과 같이 질문한다.

"당신이 선택한 수가 어떤 카드에 적혀 있습니까?"

그 사람은 각각의 카드를 훑어보고 카드를 선택한다. 예를 들어, 170를 선택했다면 그는 왼쪽 상단 모서리에 128, 32, 8 그리고 2가 적힌 카드들을 건넨다. 이 수들을 모두 더하면 170이라는 수가 나온다. 상대방이 당신에게 알려주지 않더라도 수를 맞힐 수 있다. 바로 이것이 그 수를 알아내는 방법이다!

이 방법이 통하는 이유가 무엇일까? 상대방은 해당 수가 포함된 카드를 골라내면서 자신이 선택한 수의 이진법 표기에서 '1'이 어디에 있는지 여러분에게 말하고 있는 셈이기 때문이다(당연히 스스로도 모르는 사이에).

누군가가 마음속으로 170을 선택했고 그것을 이진법 표기로 적어야 한다면, 다음과 같이 썼을 것이다.

$$10\ 101\ 010$$

또는 다음과도 동일하다.

$$10\ 101\ 010 = 1\times2^7 + 0\times2^6 + 1\times2^5 + 0\times2^4 + 1\times2^3 + 0\times2^2 + 1\times2^1 + 0\times2^0 = 170$$

따라서 카드를 고른다는 것은 1을 선택한다는 뜻이 된다. 여러분이 받지 않은 카드는 0을 포함한 카드이다.

마지막으로, 십진법으로 표현된 임의의 수는 어떻게 이진법으로 바꿀 수 있을까? 예를 들어, 143을 이진법으로 바꾸면 어떻게 될까?(이 문제의 해결법을 배우는 것은 중요하다. 143을 얻을 때까지 모든 숫자를 조합해보지 않으려면 말이다.)

우리가 할 일은 143을 2로 나누는 것이다. 그리고 그 결과 값을 다시 2로 나눈다. 이런 식으로 몫이 0 아니면 1이 될 때까지 계속한다. 143을 예로 들어 설명해보겠다.

$$143 = 71 \times 2 + 1$$

여기서 몫은 71이고 나머지는 1이다. 자, 계속해보자. 이제 71을 2로 나눈다.

$$71 = 35 \times 2 + 1$$

여기서 몫은 35이다. 그리고 나머지는 역시 1이다. 이제 35를 2로 나눈다.

$$35 = 17 \times 2 + 1 \text{ (몫 17, 나머지 1)}$$

$$17 = 8 \times 2 + 1 \text{ (몫 8, 나머지 1)}$$

$$8 = 4 \times 2 + 0 \text{ (몫 4, 나머지 0)}$$

$$4 = 2 \times 2 + 0 \text{ (몫 2, 나머지 0)}$$

$$2 = 1 \times 2 + 0 \text{ (몫 1, 나머지 0)}$$

$$1 = 0 \times 2 + 1 \text{ (몫 0, 나머지 1)}$$

과정은 여기서 끝난다. 이제 우리가 할 일은 나머지를 아래쪽에서 위쪽 순서대로 모아서 전부 합치는 것이다.

10 001 111

$$1 \times 2^7 + 0 \times 2^6 + 0 \times 2^5 + 0 \times 2^4 + 1 \times 2^3 + 1 \times 2^2 + 1 \times 2^1 + 1 \times 2^0 =$$

$$128 + 8 + 4 + 2 + 1 = 143$$

이제 나는 여러분이 다른 수들로 연습해볼 것을 제안한다. 몇 가지 예를 더 들어보겠다.

$$82 = 41 \times 2 + 0$$

$$41 = 20 \times 2 + 1$$

$$20 = 10 \times 2 + 0$$

$$10 = 5 \times 2 + 0$$

$$5 = 2 \times 2 + 1$$

$$2 = 1 \times 2 + 0$$

$$1 = 0 \times 2 + 1$$

이제 나머지를 아래쪽에서 위쪽 순서대로 모은다.

$$82 = 1\ 010\ 010$$

이제 다시 역으로 계산을 하면 이 방법이 맞다는 확신을 가질 수 있다(우리가 처음엔 어떤 수를 선택했는지와 상관없이 이 방법이 통한다는 것은 정말 흥미로운 일이다).

$$82 = 1\ 010\ 010 = 1 \times 2^6 + 0 \times 2^5 + 1 \times 2^4 + 0 \times 2^3 + 0 \times 2^2 + 1 \times 2^1 + 0 \times 2^0 = 64 + 16 + 2$$

마지막으로 1,357을 예를 들어보자.

$$1{,}357 = 678 \times 2 + 1$$

$$678 = 339 \times 2 + 0$$

$$339 = 169 \times 2 + 1$$

$$169 = 84 \times 2 + 1$$

$$84 = 42 \times 2 + 0$$

$$42 = 21 \times 2 + 0$$

$$21 = 10 \times 2 + 1$$

$$10 = 5 \times 2 + 0$$

$$5 = 2 \times 2 + 1$$

$$2 = 1 \times 2 + 0$$

$$1 = 0 \times 2 + 1$$

우리가 찾는 이진법 표기는 다음과 같다.

$$10\ 101\ 001\ 101$$

이것은 다음을 의미한다.

$$1 \times 2^{10} + 0 \times 2^9 + 1 \times 2^8 + 0 \times 2^7 + 1 \times 2^6 + 0 \times 2^5 + 0 \times 2^4 + 1 \times 2^3 + 1 \times 2^2 + 0 \times 2^1 + 1 \times 2^0 = 1{,}024 + 256 + 64 + 8 + 4 + 1 = 1{,}357$$

2의 제곱근은 무리수이다

피타고라스와 그의 추종자들(존재했든 그러지 않았든)이 그 유명한 피타고라스 정리를 알아냈을 때, 그들은 문제에 봉착했다……. 직각을 이루는 두 변의 길이가 1인 직각삼각형이 있다고 상상해보자(논의가 너무 추상적으로 흐르지 않도록 1m나 1cm, 혹은 뭐든지 1단위를 생각할 수 있을 것이다). 따라서 직각을 이루는 두 변의 길이가 1이라면, 빗변의 길이는 $\sqrt{2}$가 된다. 그런데 $\sqrt{2}$로 인해 곧바로 문제가 발생한다. 무슨 문제인지 살펴보기 위해 다음

몇 가지 사항을 생각해보자.

임의의 수 x가 두 정수 사이의 몫이라면, 그 x를 '유리수'라고 부른다. 다시 말해, $x=p/q$이다. 여기서 p와 q는 정수이고, 아울러 $q\neq0$라는 점이 충족되어야 한다.

예를 들면,

① 1.5는 유리수이다. 1.5 = 3/2이기 때문이다.
② 7.666666667은 유리수이다. 7.666666667 = 23/3이기 때문이다.
③ 5는 유리수이다. 5 = 5/1이기 때문이다.

특히 마지막 예시는 모든 정수는 유리수라는 점을 상기시킨다. 그리고 이 결과는 사실인데, 어떤 정수든 자기 자신을 1로 나눈 몫으로 표현될 수 있기 때문이다.

피타고라스가 자신의 정리를 보여준 그 당시까지는 오직 유리수만 알려져 있었다. 이번 절의 목적은 바로 피타고라스 학파가 직면했던 문제를 소개하는 것이다.

한 걸음 더 들어가 생각해보자. 어떤 수가 짝수라면 그 수의 제곱도 짝수일까?

언제나 그랬듯이 나는 여러분이 혼자서 마음속으로 (또는 연필과 종이를 들고) 생각하도록 잠깐 멈추겠다. 하지만 여러분을 마냥 기다릴 수는 없으니 어쨌든 이어가겠다. 충분히 생각해보고 언제든 돌아오길 바란다…….

정답은 '예'이다. 왜일까? x가 짝수라면, 그것은 x를 다음과 같은 형태로 쓸 수 있다는 것을 의미하기 때문이다.

$$x = 2 \times n \text{ (}n\text{ 역시 정수이다.)}$$

따라서 x를 제곱하면 다음이 된다.

$$x^2 = 4 \times n^2 = 2(2 \times n^2)$$

따라서 x^2도 짝수이다.

이제 거꾸로 x^2이 짝수라면 x도 짝수여야 한다는 것은 참일까? 자, 함께 살펴보자. x가 짝수가 아니라면 x는 홀수일 수밖에 없다. 그렇다면 x는 다음과 같이 표현된다.

$$x = 2k + 1 \text{ (}k\text{는 임의의 자연수이다.)}$$

x를 제곱한다 해도 짝수가 될 수는 없다. 다음의 이유 때문이다.

$$x^2 = (2k + 1)^2 = 4k^2 + 4k + 1 = 4m + 1$$
$$\text{(여기서 } m = k^2 + k\text{이다.)}$$

결국 $x^2 = 4m + 1$이므로 x^2은 홀수이다.

교훈: 어떤 수의 제곱이 짝수라면 그 수는 짝수이다.

이제 우리는 피타고라스 학파에게 제기되었던 문제를 해결할 수 있다. $\sqrt{2}$도 유리수라는 말은 참일까? 그 당시는 오직 유리수만 알려져 있었다는 점을 기억하라. 그러니 맞닥뜨린 수가 유리수임을 증명하려 애썼던 것은 당연한 일이었다. 다시 말해, 그 시대에 오직 유리수만 알려져 있었다면 새로운 수가 나타났을 때 p/q와 같이 표기할 방법을 찾으려 노력한 것은 합당한 일이었다. (그리스인들이 했던 것처럼) $\sqrt{2}$가 유리수라고 가정해보자. 만약 그렇다면 2개의 정수 p와 q로 다음과 같이 쓸 수 있다.

$$\sqrt{2} = (p/q)$$

(p/q)를 적으면서 우리는 이미 p와 q를 공통 인수로 '약분'했다고 가정한다. 특히 p와 q 모두 짝수가 아니라고 가정하는데, 만약 짝수라면 분모와 분자 둘 다를 공통 인수 2로 약분할 수 있기 때문이다. 즉, 우리는 p 또는 q가 짝수가 아니라고 가정한다.

이제 양변을 제곱하면 다음과 같다.

$$2 = (p/q)^2 = p^2/q^2$$

그리고 이제 우변의 분모 q^2를 양변에 곱하면 다음과 같다.

$$2 \times q^2 = p^2 \qquad (*)$$

방정식 (*)을 보면 p^2가 짝수임을 알 수 있다(2와 정수의 곱으로 표현되기 때문이다).

조금 앞에서 우리가 이미 보았듯이 p^2가 짝수라면 p 자체도 짝수이다. 그렇다면 p는 짝수로서 다음처럼 적을 수 있다.

$$p = 2k$$

양변을 제곱하면 다음과 같다.

$$p^2 = 4k^2$$

p^2을 방정식 (*)에 대입하면 다음의 결과가 나온다.

$$2q^2 = p^2 = 4k^2$$

그리고 양변을 2로 약분하면

$$q^2 = 2k^2$$

따라서 q^2도 짝수이다. 하지만 우리는 이미 q^2이 짝수라면 q도 짝수라는 사실을 확인했다. p에 대해선 이미 위에서 짝수라고 확인했기 때문에 p와 q 모두 짝수라는 결과가 도출된다. 하지만 이것은 불가능한 결론이다. 만일 두 수가 짝수라면 우리가 이미 공통 인수로 약분했을 것이라고 가정했기 때문이다.

교훈: $\sqrt{2}$는 유리수가 아니다. $\sqrt{2}$는 매우 유익하지만 아직 탐구되지 않은 영역을 새로이 열었는데, 바로 '무리수'라는 영역이다. 유리수는 무리수와 함께 실수의 집합을 구성한다. 실수는 우리가 일상생활에서 측정하는 데 필요한 모든 수의 집합이다(참고: 모든 무리수가 $\sqrt{2}$만큼 만들기 쉬운 건 아니다. 사실 $\sqrt{2}$와 π는 둘 다 무리수일지라도 본질적으로는 매우 다른데, 그 이유는 이 책의 범위를 벗어난다. $\sqrt{2}$는 '대수적 수'에 속하고, 반면에 π는 '초월수'에 속한다).

수 5개를 더하면?

나는 젊은 사람들과 (그리고 그렇게 젊지 않은 사람들과) 함께 있을 때마다 숫자 게임을 해서 그들을 깜짝 놀라게 하곤 한다. 늘 다음과 같은 게임을 진행한다. 일단 게임이 어떻게 돌아가는지 예시를 보여주겠다. 게임의 일반적인 규칙과 게임이 작동하는 이유는 나중에 살펴보기로 하자.

상대방에게 다섯 자리로 이루어진 수를 하나 알려달라고 요청한다. 예컨대 12,345라고 해보자(나는 여러분이 이 예시를 읽으면서 동시에 다른 예시도 들어보기를 권한다). 나는 종이에 12,345를 적으면서 뒷면에는(혹은 다른 종이에는) '합산'한 결과 값을 기록하겠다고 말한다. 물론 상대방은 어리둥절한 표정을 짓는다. 지금까지 나한테 알려준 수는 단 하나였기 때문에 무슨 '합산'을 말하는 건지 이해할 수 없기 때문이다.

나는 상대방에게 서둘지 말고 잠깐 기다리라고 말한다. 그리고 12,345라는 한 수를 제외하고는 무슨 수를 더할지 아직 모르지만, 그 합산의 결과 값이 될 수를 알아내서 (종이 뒷면에) 적어두는 것이 바로 내가 하려는 일이라고 알린다.

나는 종이 뒷면에 다음의 수를 적는다.

212,343

여러분은 내가 이 수를 왜 적어놓는지 궁금할 것이다. 12,345에서 첫 번째 숫자 앞에 2를 덧붙이고, 마지막 숫자에서 2를 빼는 방식이다.

예를 들어 사람들이 34,710을 선택했다면, 종이 뒷면에 적힐 수는 234,708이 될 것이다. 일단 이 작업이 완료되면, 상대방에게 다른 수를 하나 더 알려달라고 요청한다. 예를 들어 다음의 수를 전달받았다고 해보자.

73,590

그러면 이제 우리에게는 합산할 수가 2개 생긴 셈이다. 첫 번째 수인 12,345와 두 번째 수인 73,590이다.

게임을 계속하기 위해 상대방에게 또 다섯 자리로 이루어진 수를 하나 더 알려달라고 요구한다. 예를 들어 다음 수를 알려주었다고 해보자.

43,099

그렇다면 이제 우리에게는 다섯 자리로 구성된 수 3개가 있는데, 이 수들은 앞으로 더해질 총 5개 수의 일부가 될 것이다.

12,345

73,590

43,099

여기까지 왔으면 재빨리 다른 수 2개를 세로로 쓴다.

26,409

56,900

내가 이 두 수를 어디서 가져왔을까? 일단 26,409를 살펴보자. 73,590이 99,999가 되려면 필요한 수를 바로 아래에 덧붙일 것이다. 즉 숫자 7 아래에 숫자 2를, 숫자 3 아래에 숫자 6을, 숫자 5 아래에 숫자 4를, 숫자 9 아래에 숫자 0을, 숫자 0 아래에 숫자 9를 적는다.

$$\begin{array}{r} 73{,}590 \\ +\ 26{,}409 \\ \hline 99{,}999 \end{array}$$

이번에는 또 다른 수인 43,099를 잘 보면서 똑같은 방법으로 합계가 99,999가 되기 위해 필요한 수를 쓴다. 이 경우엔 56,900이 될 것이다.

$$\begin{array}{r} 43{,}099 \\ +\ 56{,}900 \\ \hline 99{,}999 \end{array}$$

우리에게는 이제 다섯 자리 숫자로 된 수 5개가 있다. 처음 3개는 상대방이 우리에게 알려준 수에 해당한다.

12,345, 73,590 그리고 43,099

나는 첫 번째 수에서 숫자를 조작해 '합산' 결과인 212,343을 종이 뒷면에 적어놓았다. 그리고 다른 두 수에 더하여 99,999가 되는 다섯 자리 수를 2개 더 만들어놓았다(26,409와 56,900이다). 이제 침착한 말투로 상대방에게 "다 더하세요"라고 요청한다.

여러분이 직접 전부 더해보길 바란다.

$$
\begin{array}{r}
12{,}345 \\
73{,}590 \\
43{,}099 \\
26{,}409 \\
+\ 56{,}900 \\
\hline
212{,}343
\end{array}
$$

그 결과는 바로 종이 뒷면에 적어둔 수이다.

게임의 절차를 다시 정리해보면 다음과 같다.

① 먼저 아라비아 숫자 5개로 된 수를 상대방에게 요청한다(43,871).

② 상대방이 처음 제시한 수 제일 앞에 숫자 2를 덧붙이고 마지막 숫자에서 2를 빼서 나온 수(이제 여섯 자리 수일 것이다)를 종이 뒷면에 적는다(243,869).

③ 다섯 자리 숫자로 된 수를 2개 더 요구한다(35,902와 71,388).

④ ③의 두 수를 각각 99,999로 만들려면 더해야 하는 2개의 수를 구한다(64,097과 28,611).

⑤ 상대방에게 모든 수를 더하라고 요청하고…… 종이 뒷면의 수를 보여준다!

어떻게 맞힐 수 있었을까? 이 대목이 가장 흥미로운 부분이다. 상대방이 처음으로 말한 수에서 제일 앞에 2를 덧붙이고 마지막 숫자에서 2를 뺐다는 사실을 다시 생각해보자. 마치 200,000을 더하고 나중에 2를 빼는 것과 같다. 즉, 처음 수에 (200,000 − 2)를 더하는 것과 같다.

상대방이 2개의 수를 추가로 주고 우리는 그 수들에 또 다른 2개의 수를 더해 각각 99,999을 만들었다. 그런데 여기서 99,999는 (100,000 − 1)과 정확히 똑같다. (100,000 − 1)을 한 번 더 더하면 (200,000 − 2)가 된다.

우리가 한 일이 바로 이것이다! 처음 수에 (200,000 − 2)를 더하는 것. 그래서 맞힐 수 있었던 것이다. 결과적으로 (100,000 − 1)을 두 번 더하는 것이나 (200,000 − 2)를 한 번 더하는 것은 동일하기 때문이다.

산술의 기본정리에 대한 도전?

'산술의 기본정리'에 따르면 (+1, −1 또는 0을 제외한) 모든 정수는 소수이거나 소수의 곱으로 분해될 수 있다. 즉, '소인수분해'될 수 있다. 다음과 같은 예시가 있다.

① $14 = 2 \times 7$

② $25 = 5 \times 5$

③ $18 = 2 \times 3 \times 3$

④ $100 = 2 \times 2 \times 5 \times 5$

⑤ $11 = 11$ (11은 이미 소수이다.)

⑥ $1{,}000 = 2 \times 2 \times 2 \times 5 \times 5 \times 5$

⑦ $73 = 73$ (73은 이미 소수이다.)

게다가 이 정리에 따르면(곱셈의 순서는 결과에 영향을 미치지 않으니 곱셈의 순서를 무시하면) 모든 정수는 유일하게 한 가지 방법으로만 소인수분해가 가능하다. 하지만 생각해볼 것이 있다. 숫자 1,001을 잘 들여다보자. 그러면 다음의 두 가지 방식으로 소인수분해가 가능하다.

$$1{,}001 = 7 \times 143$$

$$1{,}001 = 11 \times 91$$

무엇이 잘못된 걸까? 혹시 정리가 틀렸기 때문일까? 답은 '해법'에서 찾을 수 있다.

소수의 개수는 무한하다

우리는 이미 소수가 무엇인지 알고 있다. 하지만 프랑스의 극작가 몰리에르의 책 『부르주아 귀족*Le Bourgeois gentilhomme*』에서 주인공이 특별히 무언가를 알고 있느냐는 질문에 "모르는 척하고 설명해 달라"라고 말하는 구절을 떠올려보는 것도 좋겠다. 우리는 보통의 상식에서 출발하고자 몇 가지 정의에서 시작할 것이다.

이 절에서는 자연수(또는 양수인 정수)만 사용할 것이다. 여기서 엄격한 정의를 내리고 싶지는 않다. 하지만 내가 말하고 있는 자연수가 다음과 같은 수라는 점은 동의할 수 있을 것이다.

$$\mathbb{N} = \{1, 2, 3, 4, 5, 6, \cdots\cdots, 100, 101, 102, \cdots\cdots\}$$

이어지는 논의에서 1은 제외하자. 그렇다면 쉽게 확인할 수 있듯이 나머지 수들은 항상 2개 이상의 약수를 가진다. 자기 자신과 1 말이다. 예를 들면 다음과 같다.

2는 1과 자기 자신(2)으로 나눠진다.

3은 1과 자기 자신(3)으로 나눠진다.
4는 1, 2, 자기 자신(4)으로 나눠진다.
5는 1과 자기 자신(5)으로 나눠진다.
6은 1, 2, 3과 자기 자신(6)으로 나눠진다.
7은 1과 자기 자신(7)으로 나눠진다.
8은 1, 2, 4와 자기 자신(8)으로 나눠진다.
9는 1, 3과 자기 자신(9)으로 나눠진다.
10은 1, 2, 5와 자기 자신(10)으로 나눠진다.

이 목록은 무한정 이어질 수 있다. 처음의 몇몇 자연수에서 일어나는 일을 살펴보면 패턴을 찾을 수 있다. 모든 수는 1과 자기 자신으로 나눠진다는 것이다. 아마 더 많은 약수를 가질 수도 있겠지만, 적어도 항상 2개의 약수는 가지고 있다. 소수의 정의를 어떻게 내릴 수 있을지 조금 더 생각해볼 수 있도록 여기에 몇 가지 예시를 추가하려 한다. 여러분이 직접 생각해보면 좋겠다.

11은 오직 1과 자기 자신으로만 나눠진다.
13은 오직 1과 자기 자신으로만 나눠진다.
17은 오직 1과 자기 자신으로만 나눠진다.
19는 오직 1과 자기 자신으로만 나눠진다.
23은 오직 1과 자기 자신으로만 나눠진다.
29는 오직 1과 자기 자신으로만 나눠진다.

31은 오직 1과 자기 자신으로만 나눠진다.

여러분은 이 모든 예시에서 패턴을 발견했는가? 2, 3, 5, 7, 11, 13, 17, 19, 23, 29, 31은 오직 2개의 약수만을 가진 반면에 그 외 나머지 수들은 3개 이상의 약수를 가진다. 이건 무슨 뜻일까? 바로 다음과 같은 정의를 의미한다. (1이 아닌) 한 자연수가 오직 1과 자기 자신이라는 정확히 2개의 약수만 갖는 경우, 그 자연수를 '소수'라고 한다.

나는 한 그룹의 수들을 따로 빼내려고 한다. 그 수들이 오직 2개의 수, 즉 1과 자기 자신으로만 나눠진다는 특별한 특징을 가지고 있기 때문이다. 이제 처음 100개의 자연수에 존재하는 소수들을 적어보자.

2, 3, 5, 7, 11, 13, 17, 19, 23, 29, 31, 37, 41, 43, 47, 53,
59, 61, 67, 71, 73, 79, 83, 89, 97

처음 100개의 자연수 중 소수는 총 25개이다. 1,000까지 같은 작업을 반복해보자.

101에서 200 사이에는 21개가 있다.
201에서 300 사이에는 16개가 있다.
301에서 400 사이에는 16개가 있다.

401에서 500 사이에는 17개가 있다.

501에서 600 사이에는 14개가 있다.

601에서 700 사이에는 16개가 있다.

701에서 800 사이에는 14개가 있다.

801에서 900 사이에는 15개가 있다.

901에서 1,000 사이에는 14개가 있다.

결론적으로 처음 1,000개의 자연수 중 소수는 총 168개가 있다. 소수의 수열은 점점 더 미묘해지기 시작한다. 1,001에서 2,000 사이에는 123개의 소수가 있고, 2,001에서 3,000사이에는 127개, 3,001에서 4,000 사이에는 120개의 소수가 있다. 이렇게 계속 이어갈 수 있을 것이다. 비록 몇 가지 질문이…… 아니, 많은 질문이 생기긴 하지만 말이다. 예를 들면 다음과 같은 질문을 할 수 있다.

① 소수는 총 몇 개일까?

② 만일 개수가 유한하다면 마지막 소수는 무엇일까?

③ 끝나지 않고 무한하다면 어떻게 그 모든 소수를 찾을 수 있을까?

④ 소수를 만드는 공식이 있을까?

⑤ 어떤 패턴으로 분포되어 있을까?

⑥ 2와 3을 제외하면 연속된 소수는 존재하지 않는다. 그렇다면 소수가 나타나지 않는 연속된 수는 몇 개나 있을까?

⑦ 쌍둥이 소수란 무엇인가?(답은 다음 절에 나올 것이다.)

⑧ 소수의 간격이란 무엇인가?(답은 다다음 절에 나올 것이다.)

이 책에서 나는 몇 가지만 대답하려고 한다. 하지만 가장 좋은 건 여러분이 정답을 직접 생각해보는 것이다. 혹은 오늘날 소수에 대해 알고 있는 것과 풀리지 않은 문제를 해당 분야(정수론) 책에서 찾아볼 만큼 호기심을 느끼는 것만으로도 좋다.

이제 우리의 목표는 소수가 무한하다는 '증거'를 제시하는 것이다. 소수의 목록은 끝도 없이 이어지는 게 맞지만, 그렇지 않다고 가정해보자. 다시 말해 소수의 목록을 만들다가 어느 시점에서 소수가 소진된다고 가정해보자. 그 소수들을 다음과 같이 표기하자.

$$p_1, p_2, p_3, p_4, p_5, \cdots\cdots, p_n$$

이 소수들은 이미 오름차순으로 정렬되어 있다.

$$p_1 < p_2 < p_3 < p_4 < p_5 < \cdots\cdots < p_n$$

우리 사례에서는 다음과 같다.

$$2 < 3 < 5 < 7 < 11 < 13 < 17 < 19 < \cdots\cdots < p_n$$

즉, 세상에는 'n'개의 소수만 있다고 가정하자. p_n은 가장 큰 소수이다. 만약 소수의 개수가 유한하다면, 모든 소수 중에서 가장 큰 소수가 있어야 한다는 것은 분명하다. 다시 말해, 수들이 속한 유한집합이 있다면 그 집합에 포함된 수들 중 하나는 가장 큰 수여야 한다. 물론 집합이 무한하다면 이야기가 달라진다. 하지만 지금 우리의 사례에서는, 소수의 개수가 유한하고 그 소수들 중 하나는 집합에서 가장 큰 수라고 가정한다. 그 가장 큰 수를 p_n이라 부르자.

이제 N이라는 수를 하나 만들어보자.

$$N = (p_1 \times p_2 \times p_3 \times p_4 \times p_5 \times \cdots\cdots \times p_n) + 1$$

그런 다음 '모든' 소수가 가령 다음과 같다고 해보자.

$$2,\ 3,\ 5,\ 7,\ 11,\ 13,\ 17,\ 19$$

그렇다면 새로운 수 N의 값은 다음처럼 계산될 것이다.

$$(2 \times 3 \times 5 \times 7 \times 11 \times 13 \times 17 \times 19) + 1 = 9{,}699{,}691$$

이 N이라는 수는 모든 소수 중에서 '가장 큰 수'보다 더 큰 수이기 때문에,[3] 즉 p_n보다 더 크기 때문에 소수가 될 수 없다(우리가 이미 p_n이 모든 소수 중에서 가장 크다고 가정했기 때문이다).

N은 소수가 될 수 없으므로 하나의 소수로 나눠질 수 있어야 한다.[4] 자, 우리에겐 다음의 소수가 있었다.

$$p_1, p_2, p_3, p_4, p_5, \cdots\cdots, p_n$$

이 소수들 중 어떤 소수, 말하자면 p_k는 N을 나눠야 한다. 이것은 N이 p_k의 배수여야 한다는 말과 같은 말이다.

수식으로 표현하면,

$$N = p_k \times A$$

그런데 이때 소수들의 곱인 $(p_1 \times p_2 \times p_3 \times p_4 \times p_5 \times \cdots\cdots \times p_n)$도 p_k의 배수가 되어야 한다. 따라서 우리는 N과 (N − 1) 모두 p_k의 배수라고 결론 내리게 된다. 하지만 이것은 불가능하다. 두 개의

---

3 확신할 수 없다면 부등식 $N > 2p_n + 1$을 살펴보자. 우리의 증명을 위해서는 이것만으로도 충분하다.

4 사실 이 명제에 대한 증명도 필요하다. 만약 어느 수가 소수가 아니라면 1과 자기 자신보다 더 많은 약수를 가진다는 것을 생각해보자. 그 약수들은 주어진 수보다는 작고 1보다는 크다. 만일 한 약수가 소수라면 문제는 해결된다. 반대로 약수가 소수가 아니라면 그 약수로 이 과정을 반복한다. 그러면 점점 더 작아지는 약수가 계속 얻어질 텐데, 결국 이 과정이 끝나는 시점이 올 것이다. 그 시점에 도달한 수가 바로 우리가 찾고 있는 소수이다.

연속된 수는 (1을 제외하고는) 같은 수의 배수가 될 수 없기 때문이다.

이제 우리는 하나의 예시를 통해 이 증명이 어떻게 진행되는지 살펴볼 것이다. 유한하다고 가정하는 소수의 수열이 다음과 같다고 해보자.

$$2 < 3 < 5 < 7 < 11 < 13 < 17 < 19$$

다시 말해, 우리는 유한한 소수 가운데 19가 가장 크다고 가정하고 있다. 이때 N은 다음과 같다.

$$N = 2 \times 3 \times 5 \times 7 \times 11 \times 13 \times 17 \times 19 + 1 = 9{,}699{,}691$$

다른 한편,

$(2 \times 3 \times 5 \times 7 \times 11 \times 13 \times 17 \times 19) = 9{,}699{,}690 = N - 1$이다.

$N = 9{,}699{,}691$은 소수가 될 수 없다. 모든 소수 중에서 가장 큰 수가 19라고 가정했기 때문이다. 그렇다면 N은 하나의 소수로 나눠질 수 있어야 한다. 그 소수는 2, 3, 5, 7, 11, 13, 17, 19 중 하나일 것이다. 이 논증을 계속 이어나갈 수 있도록 임의의 수를 하나 선택하자(여러분이 원한다면, 선택한 수가 N을 나누지 못한다

는 사실을 증명해보라). 7이 N을 나누는 수라고 가정해보자.[5] 한편 (N − 1)도 명백히 7의 배수가 되어야 한다.

그렇다면 우리는 2개의 연속된 수, 즉 (N − 1)과 N을 가지게 될 텐데, 두 수가 동시에 7의 배수가 되는 건 불가능하다. 따라서 가장 큰 소수[6]가 존재한다는 가정은 거짓임이 밝혀졌다. 증명은 끝났다.

쌍둥이 소수

우리는 {2, 3} 쌍을 제외하고는 연속된 소수가 존재할 수 없다는 것을 알고 있다. 이것은 임의의 연속된 수 쌍에서 둘 중 하나는 짝수라는 점을 생각하면 분명해진다. 소수이면서 짝수인 수는 유일하게 2밖에 없다. 따라서 연속된 소수 쌍은 {2, 3}이 유일하다.

연속된 소수를 찾을 수 없다는 건 알고 있지만, 만약 하나를 건너뛴다면 어떨까? 즉, 두 홀수가 연속해서 소수가 될 수 있을까? 예를 들어 {3, 5}, {5, 7}, {11, 13}, {17, 19} 쌍은 소수이면서 홀수인 연속된 두 수의 쌍이다. 방금 살펴본 예시처럼 2만큼 차이

5 내가 N의 약수로 7을 선택한 것은 여러분이 이 논증을 확인해볼 수 있도록 하기 위해서다. 하지만 임의의 다른 수를 선택해도 같은 결론에 도달할 것이다.

6 19가 가장 큰 소수라는 가정은 더 일반적인 추론을 이해하기 위해 제공한 예시에 불과하다. p_n은 19와 똑같은 역할을 하는 수이다.

나는 두 소수를 '쌍둥이 소수'라고 부른다. 즉, 쌍둥이 소수는 $\{p, p+2\}$이다.

독일의 수학자였던 하인리히 티체가 1965년에 출간한 문헌에 따르면, 이 수들을 '쌍둥이 소수'라고 부른 최초의 인물은 역시 독일의 수학자였던 파울 슈테켈이었다.

더 많은 쌍둥이 소수 쌍을 적어보면 다음과 같다.

$$\{29, 31\}, \{41, 43\}, \{59, 61\}, \{71, 73\}, \{101, 103\},$$
$$\{107, 109\}, \{137, 139\}, \{149, 151\}, \{179, 181\}, \{191, 193\},$$
$$\{197, 199\}, \{227, 229\}, \{239, 241\}, \{281, 283\}, \cdots\cdots$$

추측하건대 쌍둥이 소수는 무한하다. 하지만 그것이 사실인지는 아직 알지 못한다.

현재까지 알려진 가장 큰 쌍둥이 소수 쌍은 다음과 같다.

$$(33{,}218{,}925) \times 2^{169{,}690} - 1$$
$$(33{,}218{,}925) \times 2^{169{,}690} + 1$$

위의 두 수는 51,090자리의 숫자로 이루어져 있고 2002년에 발견되었다. 이 주제로 엄청나게 많은 문헌이 집필되었지만, 오늘날에도 쌍둥이 소수의 무한성에 대한 추측은 풀리지 않은 문제로 남아 있다.

소수의 간격

수학에서 가장 흥미로운 문제 중 하나는 소수의 분포에서 '패턴'을 발견하는 것이다. 예를 들어 우리는 소수가 무한하다는 것을 이미 알고 있다. 그리고 쌍둥이 소수가 무엇인지도 살펴보았다. 이제 우리는 처음 100개의 자연수를 살펴볼 것이다. 이 그룹에는 소수가 25개 있다(아래 목록에서 굵은 글씨로 표시했다). 이 목록에서 소수가 아닌 3개의 연속된 수를 찾기는 쉽다. 20, 21, 22가 그 예시이다. 더 많이 찾을 수도 있을 것이다. 이제는 소수가 아닌 4개의 연속된 수 묶음을 찾자. 24, 25, 26, 27이 해당된다(물론 28까지 이어지긴 하지만). 이렇게 계속하면서 소수가 아닌 혹은 소수인 연속적인 수의 묶음을 찾을 수 있다.

2, **3**, 4, **5**, 6, **7**, 8, 9, 10, **11**, 12, **13**, 14, 15, 16, **17**, 18, **19**, 20, 21, 22, **23**, 24, 25, 26, 27, 28, **29**, 30, **31**, 32, 33, 34, 35, 36, **37**, 38, 39, 40, **41**, 42, **43**, 44, 45, 46, **47**, 48, 49, 50, 51, 52, **53**, 54, 55, 56, 57, 58, **59**, 60, **61**, 62, 63, 64, 65, 66, **67**, 68, 69, 70, **71**, 72, **73**, 74, 75, 76, 77, 78, **79**, 80, 81, 82, **83**, 84, 85, 86, 87, 88, **89**, 90, 91, 92, 93, 94, 95, 96, **97**, 98, 99, 100

자, 이제 살펴볼 문제는 이렇다. '묶음의 길이는 제한이 없을까?'

다시 말해, 내가 소수가 아닌 연속된 10개의 수를 발견하고 싶다면 어디선가 반드시 찾아낼 수 있을까? 그리고 전부 합성수인(소수가 아닌) 연속된 100개의 수를 찾아내고 싶다면? 1,000개는 어떨까?

여러분은 소수가 아닌 연속된 수의 묶음을 원하는 만큼 길게 만들어낼 수 있다. 이 사실은 소수의 수가 무한하다는 점을 감안하면 상당히 특이하다. 이제 증명을 함께 살펴보자.

일단 본격적인 논의에 앞서서 수학에서 아주 유용하고 많이 사용되는 표기법을 알려주려 한다. n보다 작거나 같은 모든 수의 곱을 숫자 n의 '계승(팩토리얼)'이라 부르고 '$n!$'로 표기한다.

몇 가지 예를 살펴보자.

$$1! = 1$$

$$2! = 2 \times 1 = 2$$

$$3! = 3 \times 2 \times 1 = 6$$

$$4! = 4 \times 3 \times 2 \times 1 = 24$$

$$5! = 5 \times 4 \times 3 \times 2 \times 1 = 120$$

$$6! = 6 \times 5 \times 4 \times 3 \times 2 \times 1 = 720$$

$$10! = 10 \times 9 \times 8 \times 7 \times 6 \times 5 \times 4 \times 3 \times 2 \times 1 = 3{,}628{,}800$$

보다시피 계승은 수를 매우 빠르게 증가시킨다. n을 써서 일반화하면 다음과 같다.

$$n! = n \times (n-1) \times (n-2) \times (n-3) \times \cdots\cdots \times 4 \times 3 \times 2 \times 1$$

이 정의가 자의적으로 보이고 유용성이 명확하게 보이지 않더라도, 조합론의 문제, 즉 경우의 수와 관련된 문제를 공략하려면 계승을 반드시 정의해야 한다. 하지만 이 주제를 자세히 살펴보는 건 이 책의 범위를 벗어난다.

그건 그렇고, 숫자 n의 계승이 실제로 n과 그 뒤에 오는 모든 숫자의 배수라는 사실을 알아두는 것이 좋다.

다시 말해서,

$3! = 3 \times 2$은 3과 2의 배수이다.

$4! = 4 \times 3 \times 2$는 4의 배수이며, 3의 배수이기도 하고, 2의 배수이기도 하다.

$5! = 5 \times 4 \times 3 \times 2$는 5와 4와 3과 2의 배수이다.

일반화하면,

$n!$은 n, $(n-1)$, $(n-2)$, $(n-3)$, ……, 4, 3, 그리고 2의 배수이다.

'합성수 묶음' 문제를 공략하기 전에 마지막으로 살펴볼 것이 있다. 두 수가 모두 짝수라면 그 합도 짝수라는 사실이다. 즉, 두 수가 2의 배수라면 그 합도 역시 그렇다. 그리고 두 수가 3의 배수라면 그 합도 마찬가지다. 두 수가 4의 배수라면 그 합도 역시 그렇다. 자, 일반화해볼 수 있겠는가? 두 수가 k의 배수라면(k가 어떤 수든), 그 합도 k의 배수이다(여러분이 직접 증명해보길 바란다. 아주 쉽다).

요약하자면,

① n의 계승(즉, $n!$)은 n과 n보다 작은 모든 수의 배수이다.

② 두 수가 k의 배수라면 그 합도 마찬가지다.

이 두 개의 명제를 가지고 함께 앞으로 나아가자.

우선 논의에 익숙해질 수 있게 몇 가지 예시를 살펴볼 것이다. 이 글을 읽는 사람이라면 누구나 그 예시로부터 일반화를 할 수 있을 것이다. 소수와 합성수를 써넣은 목록을 볼 필요 없이, 다음의 연속된 수 3개를 살펴보자.

$$
\begin{array}{c}
4! + 2 \\
4! + 3 \\
4! + 4
\end{array}
\qquad (※)
$$

이 세 수는 연속적이다. 이제 이 수들이 전부 합성수라는 사실을 증명하겠다. 먼저 첫 번째 수 $4! + 2$를 보자. 명제 ①에 따르면 $4!$은

2의 배수이다. 한편, 2도 분명히 2의 배수이다. 따라서 명제 ②에 따르면 두 수의 합 (4!+2)는 2의 배수이다.

4!+3도 두 개의 수가 더해진 꼴이다. ①에 따르면 4!은 3의 배수이다. 3 또한 3의 배수이다. 그러므로 ②에 따르면 (4!+3)은 3의 배수이다.

숫자 4!+4도 두 개의 수가 더해져 있다. ①에 따르면 4!은 4의 배수이다. 4도 4의 배수이다. 그러므로 ②에 따르면 (4!+4)는 4의 배수이다.

요컨대, (※)에 나온 3개의 연속된 수는 전부 소수가 아니다. 첫 번째 수는 2의 배수, 두 번째는 3의 배수, 세 번째는 4의 배수이기 때문이다.

같은 방식으로 연속된 합성수 10개를 만들어보자.

11!+2 (2의 배수)

11!+3 (3의 배수)

11!+4 (4의 배수)

11!+5 (5의 배수)

11!+6 (6의 배수)

11!+7 (7의 배수)

11!+8 (8의 배수)

11!+9 (9의 배수)

11!+10 (10의 배수)

$$11! + 11 \text{ (11의 배수)}$$

이 10개의 수는 전부 연속된 합성수다. 자, 이제 여러분에게 연속된 합성수 100개를 만들어보라고 요청한다면 할 수 있겠는가? 나는 그럴 수 있으리라 확신한다. 앞서 살펴본 두 예시에 담긴 아이디어를 그대로 따른다면 말이다.[7]

이제 n개의 연속된 합성수를 만들어야 한다면, 다음과 같을 것이다.

$$(n+1)! + 2$$

$$(n+1)! + 3$$

$$(n+1)! + 4$$

$$(n+1)! + 5$$

$$\cdots\cdots$$

$$(n+1)! + n$$

$$(n+1)! + (n+1)$$

이 수들은 총 n개이고 전부 연속적이다. 게다가 첫 번째 수는

---

7 도우미: 첫 번째 수는 101! + 2일 것이다. 그 다음은 101! + 3, 101! + 4, ……, 101! + 99, 101! + 100, 그리고 101! + 101. 물론 이것들은 모두 연속된 수이다. 총 100개가 맞는지 살펴보라. 게다가 전부 합성수이다. 첫 번째 수는 2의 배수, 두 번째 수는 3의 배수, 세 번째 수는 4의 배수…… 이렇게 계속 이어진다. 마지막 수는 101의 배수이다.

2의 배수, 그다음은 3의 배수, 그다음은 4의 배수이다. 이런 식으로 $(n+1)$의 배수인 마지막 수까지 계속 이어진다.

이제 우리는 원하던 것을 달성했다! 즉, n개의 연속된 합성수를 찾았다.

교훈: 아주 큰 수들 사이에는 합성수가 굉장히 많다. 동시에 이 증명은 '소수의 간격'이 있다고 말해주기도 한다. 이때 간격이란 어떠한 소수도 없는 연속적인 자연수 수열을 뜻한다. 이제 어떤 크기의 간격도 찾아낼 수 있을 것이다.

e라는 수

이자를 지급하는 은행에 돈을 넣는 것과 관련된 문제를 함께 살펴보자. 설명을 좀 더 명확하게 하고자 예를 하나 들어보겠다. 누군가 1달러의 자본금을 가지고 있다고 가정해보자. 그리고 그 1달러 자본금에 대해 매년 지불되는 이자가 100%라고 해보자. 그렇다, 나도 안다. 이런 이자를 지불하는 은행은 머지않아 파산할 것이고, 따라서 지금 든 예시는 비현실적이라는 것을……. 하지만 흥미로운 문제이니 그대로 나를 따라오면 된다.

자본금: 1달러

이자: 연간 100%

이 은행에 돈을 입금한다면 딱 1년 뒤에 얼마나 많은 돈을 갖게 될까? 물론 이자가 연간 100%이니 2달러를 갖게 될 것이다. 1달러는 자본금에 해당하고, 다른 1달러는 은행이 지불한 이자이다. 여기까지는 모든 게 명확하다.

1년 후 자본금: 2달러

이제 1달러를 1년이 아닌 딱 6개월만 넣기로 했다고 해보자. 이자는 계속 일정하게, 항상 100%로 유지된다. 그렇다면 6개월이 지났을 때 고객은 돈을 얼마나 갖게 될까? 1.5달러를 갖는 게 확실한가?

원래 입금했던 자본금은 그대로 남아 있다. 즉, 계속 1달러이다. 한편, 돈을 6개월만 넣어두었기 때문에 입금한 돈의 절반에 해당하는 이자, 즉 0.5달러가 들어온다. 다시 말해, 고객의 새 자본금은 1.5달러가 된다.

이제 고객이 새 자본금을 같은 은행에 같은 이자(100%)로, 이전처럼 1년의 기간을 채우고자 남은 6개월 동안 재투자하기로 결정한다면 어떨까? 6개월 뒤에 얼마나 많은 돈을 얻게 될까?

신규 자본금: 1.5달러

이자: 연간 100%

자본금 예치 기간: 6개월

총 1년이 끝나는 시점에 고객은 다음과 같은 돈을 갖게 된다.

$$1.5 + 1/2 \times (1.5) = 2.25\text{달러}$$

어떻게 이런 결과가 나온 걸까? 우선 처음 6개월 동안 가지고 있던 자본금 1.5달러는 변하지 않았다. 새로운 이자는 자본금의 절반이 된다. 왜냐하면 이자는 연간 100%인데 단 6개월만 넣었기 때문이다. 따라서 $1/2 \times (1.5) = 0.75$달러라는 이자를 갖게 된 것이다.

교훈: 돈을 먼저 6개월간 예치하고 새로운 자본금을 다시 6개월간 예치하는 것이 고객에게 유리하다.

첫 번째 방법으로는 1년이 끝났을 때 2달러를 지급받았다. 반면 두 번째 방법으로는 1년 뒤에 2.25달러를 갖게 된다.

이번에는 고객이 원래 가지고 있던 것과 동일한 금액(1달러)으로 4개월 동안 예치한다고 해보자. 4개월이 지난 후, 원금과 이자를 합한 금액을 다시 4개월 동안 예치한다. 그리고 1년의 기간을 마저 다 채우기 위해 마지막으로 한 번 더 4개월 동안 예치한다. 이제 얼마나 많은 돈을 가지고 있을까? 앞으로 책을 읽어나가면서 해답을 알게 되겠지만, 잠깐 멈춰 스스로 생각해보는 것도 바람직한 일이다. 어쨌든, 함께 살펴보자.

1년이 시작될 때(예치하기 전에), 손님은 다음의 금액을 갖고 있다(필요한 경우만 단위를 표시하겠다).

$$1$$

4개월 뒤에는(다시 말해, 1년의 1/3이 경과된 시점에는) 다음의 금액을 갖고 있다.

$$(1 + 1/3)$$

다시 4개월 뒤에는(총 8개월 뒤에는) 다음의 금액이 있다.

$$(1 + 1/3) + 1/3 \times (1 + 1/3) = (1 + 1/3)(1 + 1/3) = (1 + 1/3)^2$$

처음 4개월이 지났을 때 자본금은 $(1 + 1/3)$이 되고, 그다음 4개월이 지나면 자본금 $(1 + 1/3)$에 1/3을 곱한 금액을 추가로 갖게 되기 때문이다. 마지막 항 $(1 + 1/3)^2$은 방정식 좌변을 $(1 + 1/3)$이라는 공통 인수로 묶음으로써 얻어진다.

이제 고객이 $(1 + 1/3)^2$을 다시 4개월 더 투자한다면, 1년이 끝났을 때 그 자본금에 1/3을 곱한 금액을 추가로 얻게 된다. 계산해 보면 다음과 같다.

$$(1 + 1/3)^2 + 1/3(1 + 1/3)^2 = (1 + 1/3)^2(1 + 1/3) = (1 + 1/3)^3 = 2.37037037\cdots\cdots$$

이제 여러분은 4개월이 아니라 3개월마다 나눠서 투자해보면 어떨지 궁금할 것이다. 여러분이 직접 계산해볼 것을 권한다. 하지만 결과 값은 미리 말해두겠다. 1년의 투자 기간이 끝나면 고객은 다음의 금액을 가질 것이다.

$$(1+1/4)^4 = 2.44140625\cdots\cdots$$

2개월씩 나눠서 예치한다면, 돈을 1년에 6번 나눠서 투자해야 할 것이다.

$$(1+1/6)^6 = 2.521626372\cdots\cdots$$

1개월에 한 번씩 예치한다면, 1년에 12번 나눠서 투자해야 할 것이다.

$$(1+1/12)^{12} = 2.61303529\cdots\cdots$$

보다시피 고객 입장에서는 예치 기간을 더 짧게 잡아서 자본금을 나눠 투자하는 것이 좋다.

이제 은행이 고객에게 날마다 예치 기간을 갱신할 수 있도록 해준다고 해보자. 이 경우, 고객은 다음의 금액을 갖게 될 것이다.

$$(1+1/365)^{365}=2.714567482\cdots\cdots$$

만약 이 과정을 1시간에 1번씩 하게 된다면 (1년은 8,760시간이므로) 다음의 금액을 갖게 된다.

$$(1+1/8{,}760)^{8{,}760}=2.718126692\cdots\cdots$$

이 과정을 1분에 1번씩 하게 된다면 (1년은 525,600분이므로) 1년 후 자본금은 다음처럼 불어나 있을 것이다.

$$(1+1/525{,}600)^{525{,}600}=2.718279243\cdots\cdots$$

마지막으로 이 과정을 1초에 1번씩 한다고 해보자. 그렇다면 (1년은 31,536,000초이므로) 1년이 끝난 뒤에 손에 쥘 수 있는 자본금은 다음과 같을 것이다.

$$(1+1/31{,}536{,}000)^{31{,}536{,}000}=2.718281793\cdots\cdots$$

교훈: 1년이 끝났을 때 받을 돈이 점점 늘어난다고 해도, 무분별하게 계속 증가하는 것은 아니다.

지금까지 계산한 금액을 모두 정리해보자.

1년에 1번, 2달러

1년에 2번, 2.25달러

1년에 3번(4개월 간격), 2.37037037…… 달러

1년에 4번(3개월 간격), 2.44140625…… 달러

1년에 6번(2개월 간격), 2.521626372…… 달러

1년에 12번(1개월 간격), 2.61303529…… 달러

1년에 365번(매일), 2.714567482…… 달러

1년에 8,760번(매시간), 2.718126692…… 달러

1년에 525,600번(매분), 2.718279243…… 달러

1년에 31,536,000번(매초), 2.718281793…… 달러

아주 흥미로운 점은, 이자가 더 자주 들어올 때마다 총액이 증가하더라도 무분별하게 계속 증가하진 않는다는 것이다. 금액에는 한계가 있다. 그 상한선은 바로 'e'라는 수다(이자를 받는 과정을 '매순간' 반복한다면 최종적으로 얻게 될 금액이다).

e는 무리수이고, 구체적인 값은 다음과 같다.

$$e = 2.718281828\cdots\cdots$$

e는 일반 대중에게는 그 중요성이 제대로 알려져 있지 않지만 일상생활에서 가장 중요한 수이다. 그 중요성은 늘 더 많이 알려져야 한다. 현재로서는 e가 연 100%의 이자율이 적용되며 기간이 주

기적으로 갱신되는 1달러 자본 성장의 상한선을 의미한다는 것만으로 만족하기로 하자.

다양한 종류의 무한

셈을 한다는 것

아이는 아주 어릴 적부터 수를 셀 줄 안다. 그런데 센다는 것은 무엇인가? 여러분이 어떤 물건, 가령 음악을 들을 수 있는 디스크를 한 세트를 갖고 있다면, 그 디스크가 총 몇 개인지 어떻게 알 수 있을까? 답은 분명해 보인다. 직접 가서 몇 개인지 세어보면 된다. 답을 알려면 꼭 거쳐야 하는 단계이다. 하지만 센다는 것은 과연 무엇인가? 여러분은 디스크가 보관된 장소로 가서 개수를 세기 시작한다. 하나, 둘, 셋, 넷…….

일단 다음의 사항을 짚고 넘어가자.

① 수를 세려면 자연수를 알아야 한다.

② 순서는 중요하지 않다. 무슨 말인지 이해가 되는가? 여러분에게 중요한 것은 디스크가 어떤 순서로 배열되어 있는지가 아니라 몇 개가 있는지를 아는 것이다. 누군가 선호도에 따라 디스크를 정리하라고 요청한다면 그때는 분명 순서가 중요할 것이다. 하지만 몇 개가 있는지를 알기 위해서라면 순서는 상관이 없다.

③ 여러분도 알다시피, 디스크를 세는 과정은 결국 끝이 난다. 즉, 디스크가 아무리 많더라도 어느 시점이 되면 셈은 끝난다.

우리가 영화관 안에 있다고 상상해보자. 아직 아무도 도착하지 않았다. 많은 사람들이 길거리에 줄을 서서 영화관 문이 열리기를 기다리고 있다. 영화관 좌석이 밖에서 기다리는 사람들이 모두 앉을 만큼 충분한지 알기 위해 우리는 무엇을 해야 할까? 사람보다 좌석이 더 많은지 혹은 적은지, 아니면 똑같은지 어떻게 알 수 있을까? 분명히 대부분 이렇게 말할 것이다. "일단 좌석의 개수를 세고 그다음에 사람의 수를 센다. 그리고 서로 비교해본다." 다시 말해 두 집합의 원소를 세어볼 필요가 있다. 일단 좌석이라는 집합의 수를 세고, 그다음에 사람이라는 집합의 수를 세는 것이다.

하지만 좌석이 사람보다 더 많은지, 더 적은지, 똑같은지 대답하려면 반드시 세는 과정이 필요할까? 우선 다음 과정을 생각해보자. 영화관 문을 열고 사람들이 들어와서 원하는 자리에 앉도록 한다. 이 과정이 끝나면(좌석과 사람 모두 유한집합이기 때문에 끝이 있다), 빈 좌석이 있는지 없는지를 확인해본다. 만약 빈 좌석이 남아 있다면 (한 사람당 한 자리 이상은 허용되지 않으니) 좌석이 사람보다 더 많다는 뜻이다. 만약 자리 없이 서 있는 사람들이 있다면 그땐 사람이 좌석보다 더 많다는 뜻이다. 그리고 아무 자리도 남지 않고 아무도 서 있지 않다면, 그것은 좌석과 사람의 수가 똑같다는 뜻이다. 여기에서 주목할 점은 수를 셀 필요는 없이 답이 나온다는 것이다. 사람의 수나 좌석의 수를 알 필요가 없다.

지금 하고 있는 작업은 두 집합의 '짝을 맞추는' 것이다. 마치 우리가 두 개의 가방을 가지고 있는 것과 같다. 한 가방에는 사람이, 다른 가방에는 좌석이 들어 있는 셈이다. 그리고 좌석에서 사람으로 '화살표'를 그려 한 사람당 한 좌석을 '배정'한다. 영화관에서 한 사람이 입장권을 한 장씩 구매하는 것과 마찬가지이다. 입장권이 남는지, 부족한지, 사람 수와 똑같은지는 그 화살표에 달렸다. 그렇다면 세는 과정은 필요하지 않다.

중요한 점은 두 집합의 구성 요소를 비교할 때 세는 과정이 없어도 된다는 것이다. 해야 할 일이라고는 두 집합의 구성 요소를 화살표로 연결하면서 서로 짝이 되도록 맞추는 것이다.

이제 집합 A의 구성 요소의 개수를 집합 A의 '기수'라고 부르자. 앞으로 그 기수를 '#{A}'로 표기하겠다.

예를 들면, 다음처럼 쓸 수 있다.

('축구팀의 선발 선수' 집합의 기수)=#{'축구팀의 선발 선수'}=11

('대통령' 집합의 기수)=#{대통령}=1

('아르헨티나 국립대학' 집합의 기수)=#{아르헨티나 국립대학}=36

('동서남북' 집합의 기수)=#{동서남북}=4

앞에서 살펴봤던 것처럼 두 집합의 기수를 비교하고 싶다면, 즉 두 집합 중 어떤 것이 큰지, 작은지, 혹은 똑같은지 알고 싶다면 기수를 알 필요는 없다. 구성 요소의 짝을 맞추는 것만으로도 충분하다. 따라서 기수를 비교하기 위해 수를 셀 필요는 없다는 점을 분명히 하자. '셈'이라는 개념을 일반화할 때 매우 중요한 사항이 될 것이다.

무한집합으로 넘어가기 전에 마지막으로 한 가지만 더 살펴보자. 자연수는 이 책에서 가장 많이 언급되는 수이자 잘 알려진 수이다.

$$\mathbb{N} = \{1, 2, 3, 4, 5, \cdots\cdots\}$$

우리는 부분집합 $\{1, 2, 3, \cdots\cdots, (n-2), (n-1), n\}$을 '길이가 n인 자연수의 절편'이라고 부를 것이다. 그리고 앞으로 이 절편을 $[1, n]$으로 표시하겠다.

예를 들어, 길이가 5인 자연수의 절편은

$$[1, 5] = \{1, 2, 3, 4, 5\}$$

이다. 다른 절편을 살펴보면 다음과 같다.

$$[1, 35] = \{1, 2, 3, 4, 5, 6, 7, \cdots\cdots, 30, 31, 32, 33, 34, 35\}$$

$$[1,\ 2] = \{1,\ 2\}$$

$$[1,\ 1] = \{1\}$$

자연수의 절편은 모두 숫자 1에서 시작된다. 그렇다면 절편의 정의는 다음과 같다.

$$[1,\ n] = \{1,\ 2,\ 3,\ 4,\ 5,\ \cdots\cdots,\ (n-3),\ (n-2),\ (n-1),\ n\}$$

유한집합의 구성 요소의 수를 센다는 건, 그 집합의 구성 요소와 자연수 절편의 구성 요소를 서로 짝짓는 혹은 대응시키는 것을 의미한다고 볼 수 있다. 그리고 어떤 집합의 기수가 n이라는 것은 그 집합이 n개의 구성 요소를 가진다는 것과 똑같은 말이다. 이것이 이해되었다면 우리는 이제 '유한집합'이 무엇인지 알고 있는 셈이다.

이렇게 기수와 절편을 정의하면 좋은 점은 '무한집합'이 무엇을 의미하는지도 이해할 수 있다는 것이다. 무한집합의 정의는 무엇일까? 내가 정의를 내리기에 앞서 여러분이 잠시 직관적으로 생각해보라. 집합이 무한하다고 말할 수 있는 때는 언제인가? 반면, 그 정의를 생각할 때 여러분은 어떤 집합이 떠오르는가? 어떤 예시를 들 수 있는가?

내가 무한집합에 대해 내릴 정의는 다소 의아하게 느껴질 수도 있다. 어떤 집합이 유한하지 않으면 그 집합은 무한하다고 말할 것이기 때문이다. 하지만 흥미로운 점은 이 말이 가장 분명한 정의라는 것이다. 이건 무슨 뜻일까? 집합 A를 놓고 그것이 유한한지 무한한지 결정해야 한다면, 우리가 해야 할 일은 집합 A와 대응시키거나 짝을 지을 수 있는 절편을 찾는 것이다. 선분 [1, *n*]과 집합 A가 짝을 이루는 자연수 *n*을 발견하면 집합 A는 유한하다고 볼 수 있다. 하지만 아무리 노력해도 그러한 절편을 발견할 수 없거나, 어떤 절편을 내놓아도 항상 그 기수가 집합 A의 기수보다 작다면, 그것은 집합 A가 무한하다는 뜻이다.

무한집합의 예는 다음과 같다.

① (모든) 자연수
② 짝수
③ 5의 배수
④ 선분 위의 점
⑤ 삼각형 위의 점
⑥ 7의 배수가 아닌 수

나는 여러분이 다른 예시를 찾아보길 바란다.

이제 무한집합에 대해 조금 더 얘기해보자. 이 책에는 무한집합과 관련하여 직관을 거스르는 몇 가지 예시가 나온다(힐베르트 호텔, 소수의 수와 분포). 직관을 거스른다는 것은 굉장한 일이다. 직관은 다른 것과 마찬가지로 발전하고 향상된다. 더 많은 정보를 가질수록 더 명료한 직관을 갖게 된다. 다른 것을 생각하는 데 더 익숙해질수록 새로운 생각을 할 준비가 더욱 잘된다.

자, 안전벨트를 꽉 매시라. 이제 우리는 무한집합의 세계로 여행을 할 것이다. 안전벨트를 꽉 붙들어 매고 다르게 생각할 준비를 하자.

문제

우리는 위의 몇 단락에 걸쳐 두 집합 중 어느 것이 더 많은 구성 요소를 가지고 있는지(또는 동일한 기수를 가지고 있는지) 결정하기 위해 어떻게 해야 하는지 살펴보았다. 두 집합의 기수가 똑같다면 두 집합은 대응될 수 있다. 이미 살펴봤던 것처럼 우리는 수를 셀 필요가 없다. 예를 들면, 수를 셀 필요도 없이 우리는 모든 자연수의 집합이 무한집합이라는 것을 알 수 있다.

짝수는 어떨까? 짝수도 무한하다는 것, 즉 무한집합이라는 것을 증명하기 위해 잠시 생각해보길 권한다.

그 답은 직관에 반하는 것으로 보이겠지만 어쨌든 질문은 다음과 같다. $\mathbb{N}$이 모든 자연수이고 P가 짝수라면 둘 중 어느 집합에 구성 요소가 더 많을까? 나는 즉각적으로 다음과 같은 대답이 나올 거라는 걸 알고 있다. 짝수는 모든 자연수 사이에 포함되어 있으므로 자연수 집합의 구성 요소가 더 많다고 말이다. 하지만 짝수가 모든 수의 일부라는 단순한 사실 때문에 짝수의 수가 모든 자연수의 수보다 적다는 게 진짜일까? 좌석 수와 관객 수의 예시에서 살펴본 내용을 적용해보면 어떨까? 자연수와 짝수를 화살표로 대응시키거나 짝을 지어보자. 그러면 우리는 정확한 답을 알게 될 것이다.

자, 한쪽 주머니에는 모든 자연수가 들어 있고 그 모든 구성 요소가 집합 ℕ을 구성한다. 다른 쪽 주머니에는 짝수가 들어 있고 그 모든 구성 요소가 집합 P를 구성한다. 다음과 같이 양쪽 집합을 짝지어보자. 왼쪽은 집합 ℕ의 구성 요소, 오른쪽은 집합 P의 구성 요소다.

$$1 \leftrightarrow 2$$
$$2 \leftrightarrow 4$$
$$3 \leftrightarrow 6$$
$$4 \leftrightarrow 8$$
$$5 \leftrightarrow 10$$
$$6 \leftrightarrow 12$$
$$7 \leftrightarrow 14$$

(여러분은 내가 무엇을 하고 있는지 이해하고 있는가? N의 구성 요소에 P의 구성 요소를 하나씩 할당하는 중이다.)

위의 예시를 보면 알 수 있듯이, 왼쪽의 수는 그 수의 '배수'(오른쪽)와 대응된다. 이대로 계속해서 n에 $2n$을 대응하게 만들 수 있다. 예를 들어 103은 206에 대응된다. 1,751은 3,502에 대응된다.

왼쪽의 모든 수가 오른쪽의 모든 수에 하나씩 대응된다는 게 분명한가? 그리고 오른쪽의 수는 전부 짝수인가? 그리고 오른쪽의 각 짝수가 (정확히 절반 값인) 왼쪽의 수에 대응되는 것 또한 분명한가? 즉, 두 집합은 일대일로 대응되는 것이 분명한가? 이 과정은 자연수와 짝수의 개수가 똑같다는 사실을 보여주는가? 이 말은 직관에 반하는 것처럼 보인다. 하지만 정말 그렇다. 우리가 방금 마친 작업은 ℕ과 P가 대응된다는 사실을 보여준다. 다시 말해, 양 집합은 동일한 수의 구성 요소들을 가진다.

그 과정에서 오직 유한집합에만 유효한 주장은 여지없이 무너지고 만다. 즉, 한 집합이 다른 집합에 포함되어 있다고 해도 그것이 더 적은 수의 구성 요소를 갖는다는 것을 의미하진 않는다. 적어도 무한집합의 경우, 그것이 반드시 참은 아니다. 우리가 방금 모든 자연수와 짝수의 예시에서 보았던 것처럼 말이다.

이제 우리에게 새로운 장난감이 생긴 셈이다. 이것으로 우리는 잠시 즐길 수 있고 다른 질문을 던져볼 수도 있다. 가령, 그럼 홀수는 어떨까, 하는 질문 말이다.

나는 위의 논의를 따라온 사람이라면 누구든 홀수가 자연수만큼 있다는 사실을 증명할 수 있다고 생각한다. 물론 짝수만큼의 홀수가 있다고 볼 수도 있다.

우리가 지금까지 살펴본 무한집합(자연수, 짝수, 홀수)의 기수를 '알레프 제로'라고 부르기로 하자('알레프ℵ'는 히브리어 알파벳의 첫 글자이다. 알레프 제로는 자연수 집합에 대응되는 무한집합의 기수를 나타내기 위해 보편적으로 사용되는 표기이다.)

이제 정수를 생각하면 어떤 결과가 나올까? 정수는 자연수에 0과 음수가 추가된 수이다. 정수에는 주로 (독일어 '찰Zahl'에서 유래한) 알파벳 ℤ라는 이름이 붙여지며, 다음과 같이 쓸 수 있다.

$$\{\cdots\cdots, -5, -4, -3, -2, -1, 0, 1, 2, 3, 4, 5, \cdots\cdots\}$$

따라서 정수가 무한집합을 형성한다는 것은 분명하다. 그렇다면 ℤ의 구성 요소는 자연수보다 많을까? 양쪽 집합의 기수가 동일하다는 것을 보여주기 위해 우리가 해야 할 일은 대응이 되는지 살펴보는 것이다. 다음과 같이 각 구성 요소를 짝지어보자.

0과 1을 짝짓는다.
−1과 2를 짝짓는다.
+1과 3을 짝짓는다.
−2와 4를 짝짓는다.
+2와 5를 짝짓는다.
−3과 6을 짝짓는다.
+3과 7을 짝짓는다.

이렇게 우리는 각각의 정수와 자연수를 짝지을 수 있다. 분명한 것은 자연수에 할당되지 않는 정수는 없고 정수에 할당되지 않는 자연수도 없다는 것이다. 다시 말해, 정수의 집합 ℤ와 자연수의 집합 ℕ의 기수는 동일하다. 양쪽 모두 '알레프 제로'인 기수를 가진다. 즉, 정수와 자연수는 동일한 수의 구성 요소를 가진다.

나는 여러분이 연습 삼아서 5의 배수, 2의 거듭제곱, 3의 거듭제곱 등도 알레프 제로인 기수를 가진다는 것을 (그리고 정수 또는 자연수와 동일한 수의 구성 요소를 가진다는 것을) 증명해보기를 권한다. 그것까지 해결했을 때에도 흥미가 남아 있다면, 다른 경우에 대해서도 생각해보길 권한다.

이제 차원을 좀 더 높여 논의를 진행해보자. ('몫'이라는 뜻의 영어 단어 '쿼션트quotient'에서 나온) ℚ로 이름 붙여진 유리수 집합을 검토해보자. 어느 수가 두 정수의 몫이라면, 즉 a/b라면 유리수라고 부른다(b가 0인 경우는 분명히 제외된다. 앞에서 살펴보았듯이 0으로 나눌 수는 없으니까).

사실 유리수는 정수 분자와 분모를 가진 '분수'로 볼 수도 있다. 예를 들어, −7/3, 17/5, 1/2, 7은 유리수이다. 흥미롭게도 모든 정수는 유리수인데, 모든 정수 a는 자기 자신을 1로 나눈 수로 쓸 수 있기 때문이다. 다시 말해,

$$a = a/1$$

로 쓸 수 있다. 이제 우리는 유리수 또한 알레프 제로의 기수를 가진다는 사실을 증명할 것이다. 다시 말해, 유리수는 자연수와 대응

된다. 자연수만큼의 유리수가 있는 것이다.

증명은 무척 흥미롭다. 마치 '나선형'을 따라가는 것처럼 유리수와 자연수를 대응시킬 수 있다. 다음 예시를 보면 이해가 될 것이다.

0/1과 1을 짝짓는다.

1/1과 2를 짝짓는다.

1/2과 3을 짝짓는다.

2/2와 4를 짝짓는다.

2/1와 5를 짝짓는다.

3/1과 6을 짝짓는다.

3/2과 7을 짝짓는다.

3/3과 8을 짝짓는다.

2/3와 9를 짝짓는다.

1/3과 10을 짝짓는다.

1/4과 11을 짝짓는다.

2/4와 12를 짝짓는다.

3/4과 13을 짝짓는다.

4/4와 14를 짝짓는다.

4/3와 15를 짝짓는다.

4/2와 16을 짝짓는다.

4/1와 17을 짝짓는다.

5/1와 18을 짝짓는다.

5/2와 19를 짝짓는다.

5/3와 20을 짝짓는다.

5/4와 21을 짝짓는다.

5/5와 22를 짝짓는다.

4/5와 23을 짝짓는다.

3/5과 24를 짝짓는다.

2/5와 25를 짝짓는다.

1/5과 26을 짝짓는다.

1/6과 27을 짝짓는다.

보다시피 우리는 음수가 아닌(즉 0보다 크거나 같은) 각각의 유리수와 자연수를 짝지었다. 이것은 일대일 대응이라 볼 수 있는데, 모든 유리수에 자연수가 할당되고 반대로도 마찬가지라는 의미에서 그렇다.

여기에 음수를 추가하고 싶다면 짝짓는 방법이 달라져야 하지만, 여러분이 해볼 수 있으리라 생각한다(관련된 제안을 '해법'에 적어놓았다).

이 할당 방법의 특징 하나는 내가 똑같은 수를 여러 번 짝짓고 있다는 것이다. 예를 들어, 왼쪽 열의 1은 1/1, 2/2, 3/3, 4/4와 똑같다. 즉, 1은 여러 차례 짝지어지고 있다. 이것이 집합의 기수에 영향을 미칠까? 전혀 그렇지 않다. 마치 유리수의 집합이 자연수의 집합보다 구성 요소가 더 많은 것처럼 보이지만, 그럼에도 내가 방금 수행한 짝짓기 방식은 두 집합이 동일한 기수를 가진다는 것을 보여준다. 동일한 유리수가 여러 번 반복해서 등장했음에도 그 모든 수에 짝지을 자연수가 계속 존재하기 때문이다. 이것은 정말로 놀랍고 반직관적인 사실이다.

이제 우리는 핵심에 도달한다. 우리가 제기해야 할 질문은 다음과 같다. '모든 무한집합은 동일한 기수를 가지는가?' 우리는 자연수, 짝수, 홀수, 정수, 유리수 등을 살펴보았다. 지금까지 무한집합에 대해 살펴본 모든 예시는 자연수의 집합과 대응시킬 수 있었다. 다시 말해 모두 동일한 기수(알레프 제로)를 가졌다.

그렇다면 당연히 다음과 같이 말할 수 있을 것이다. "그렇습니다. 우리는 무한집합이 무엇인지 알고 있어요. 구성 요소의 수가 어떻든 모든 집합이 동일한 기수를 가집니다." 바로 이 지점이 '집합론'의 핵심이 되는 부분이다.

아주 오래전인 1880년경에 비슷한 문제에 봉착했던 한 남자가 있었다. 모든 무한집합이 동일한 기수를 가진다는 걸 입증하려고 노력하던 도중에 그렇지 않은 집합을 하나 발견했다. 남자는 자신이 발견한 집합과 자연수를 대응시키려고 엄청난 노력을 기울였으나 찾을 수 없었다. 절망감 속에서 그는 어느 순간 다른 방식으로 생각하기 시작했다. '내가 대응시킬 방법을 찾을 수 없다면 그것은 그 방법이 불가능하기 때문일까? 그 방법이 존재하지 않기 때문에 그런 방법을 찾을 수 없다는 것을 증명하는 편이 더 낫지 않을까?'

이 남자의 이름은 게오르크 칸토어였다. 칸토어는 미치고 말았다. 이 주제를 다루는 학계가 말 그대로 그를 미치게 만들었다. 칸토어는 '다른 무한보다 더 큰 무한'이 있다는 사실을 발견하고 이렇게 말했다. "나는 그것을 보고 있지만 믿지는 않는다."

칸토어가 한 일은 무엇일까? 그것을 이해하기 위해서는 분수를 소수로 표현할 수 있다는 사실을 기억할 필요가 있다. 예를 들어, 유리수 1/2은 다음과 같이 쓸 수 있다.

$$1/2 = 0.5$$

다른 예시도 살펴보자.

$$1/3 = 0.3333\cdots\cdots$$

$$7/3 = 2.3333\cdots\cdots$$

$$15/18 = 0.8333\cdots\cdots$$

$$37/49 = 0.75510204\cdots\cdots$$

다시 말해, 각각의 유리수는 소수로 표현할 수 있다. 이때 소수 부분은 유한하거나($1/2 = 0.5$), 하나의 숫자가 반복되거나($1/3 = 0.3333\cdots\cdots$), '주기'라고 부르는 반복된 숫자로만 전부 구성되거나($17/99 = 0.17171717\cdots\cdots$), 그 주기가 다른 숫자와 결합될 수 있다($1743/9900 = 0.176060606\cdots\cdots$).

그렇다면 우리는 모든 유리수가 유한하거나 주기적으로 반복되는 소수 부분을 가진다고 말할 수 있다. 그 반대의 경우도 마찬가지다. 유한하거나 임의의 주기를 갖는 소수가 있다면 그 수는 유리수에 해당한다.

하지만 유리수가 아닌 수도 있다. 소수 부분이 있지만 유리수가 아닌 수, 바로 무리수이다. 가장 유명한 예는 π이다. π는 유리수가 아니다(여기서 이것을 증명하지는 않겠다).

우리가 앞서 살펴본 2의 제곱근, $\sqrt{2}$도 유리수가 아니고, e도 유리수가 아니다.

π, $\sqrt{2}$, e는 다음처럼 소수로 표현된다.

$$\pi = 3.14159\cdots\cdots$$

$$\sqrt{2} = 1.41424356\cdots\cdots$$

$$e = 2.71828183\cdots\cdots$$

이 수들의 특징은 소수가 끝없이 펼쳐지며 주기적이지도 않다는 것이다. 유리수가 아니라는 이유로 보장되는 특징이다. 더군다나 소수 부분을 이루는 각 숫자는 예측할 수가 없다. 어떤 패턴도 따르지 않는다. 또 유리수가 아닌 모든 실수는 '무리수'이다. 내가 방금 제시한 세 가지 예시는 모두 무리수이다.

칸토어가 제안한 것은 다음과 같다. "나는 자연수와 대응되지 않는 무한집합이 있다고 증명할 것이다. 내가 취하려고 하는 집합은 선분 [0, 1]에 있는 모든 실수의 집합이다."[8]

선분 [0,1]이라고? 일단 직선을 긋고 아무 점이나 찍은 다음 그것을 0이라 부르자. 그리고 오른쪽에 있는 점들은 양수, 왼쪽에 있는 점들은 음수라고 부르자.

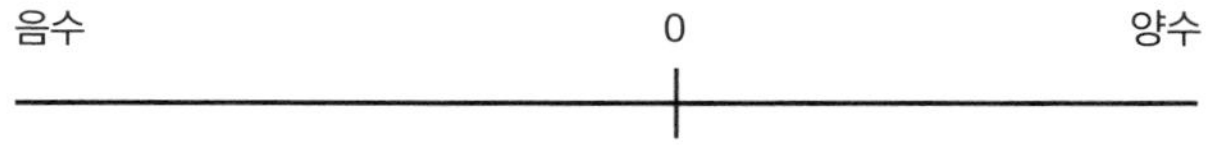

직선의 각 점은 '0에서부터의 거리'에 해당한다. 이제 0보다 더 오른쪽에 임의의 점을 표시하고, 그걸 1이라고 정하자. 이제 이로부터 실수를 만들어낼 수 있다. 직선에 표시된 또 다른 임의의 점은 0에서부터 그 지점까지의 길이로 측정되는 '거리'이다. 그 점은 실수이다. 0의 오른쪽에 있다면 양의 실수, 0의 왼쪽에 있다면 음의 실수이다. 예를 들어 1/2는 1로 표시한 지점에서 절반의 거리에 있는 지점이다. 4/5는 0에서부터 5분의 4 거리에 있는 지점이다(0부터 1까지 이어지는 선분을 5등분 하고 그중에서 네 번째 점이다).

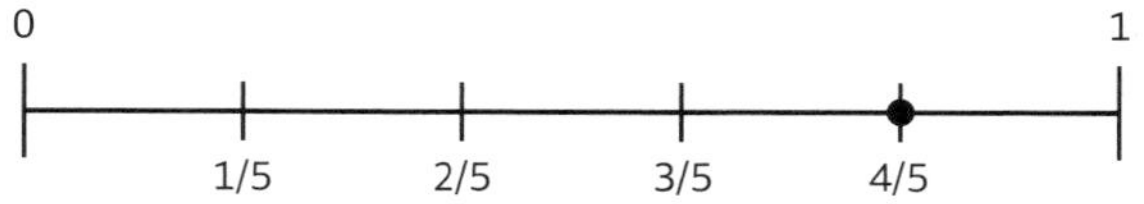

---

8 여기서 모든 실수는 유리수의 집합과 무리수의 집합(즉, 유리수가 아닌 수)의 합집합이라고 말하는 것도 적절하다.

따라서 0과 1 사이 선분 위에 있는 각각의 점이 실수에 해당한다는 것은 분명하다. 그 실수는 유리수이거나 무리수이다. 예를 들어 숫자 $(\sqrt{2}-1)=0.41421356\cdots\cdots$ 은 0과 1사이 선분에 있는 무리수이다. 숫자 $\pi/4$도 역시 그렇다. $(e-2)$도 마찬가지이다.

칸토어는 선분 [0, 1]을 취했다. 이것은 이 '단일 선분'에 속하는 모든 실수를 뜻한다. 이 집합은 점의 무한집합이다. 왜 그럴까? 다음처럼 생각해보자. 일단 1을 떠올리자. 그리고 선분을 절반으로 나누자. 그러면 1/2이 된다. 이제 그 선분을 다시 반으로 나누면 1/4이 된다. 이제 그 선분을 한 번 더 반으로 나누면 1/8이 된다.

이렇게 선분을 매번 반으로 나누면, 항상 절반의 거리에 해당하는 점을 얻게 된다. 점들이 연속해서 무한하게 생겨나는 것이다. 점들은 $1/2^n$으로 나타낼 수 있고, 이 모든 점은 선분 [0, 1]에 속한다.

자, 이제 거의 다 끝났다. 칸토어는 다음과 같이 말했다. "나는 이러한 집합(단일 선분)과 자연수를 짝지을 수 있다고 가정하겠다." 다시 말해, 칸토어는 두 집합이 동일한 기수를 가진다고 가정했다. 만약 이것이 참이라면, 선분 [0, 1]의 구성 요소와 자연수의 구성 요소를 모두 짝지을 수 있어야 한다. 앞서 살펴본 유리수처럼 우리는 선분 [0, 1]의 구성 요소를 '전부' 포함한 목록을 만들어서 자연수와 짝지을 수 있을 것이다.

$$1 \qquad 0.a_{11}a_{12}a_{13}a_{14}a_{15}a_{16}\cdots\cdots$$

$$2 \qquad 0.a_{21}a_{22}a_{23}a_{24}a_{25}a_{26}\cdots\cdots$$

$$3 \qquad 0.a_{31}a_{32}a_{33}a_{34}a_{35}a_{36}\cdots\cdots$$

$$4 \qquad 0.a_{41}a_{42}a_{43}a_{44}a_{45}a_{46}\cdots\cdots$$

$$\cdots\cdots$$

$$n \qquad 0.a_{n1}a_{n2}a_{n3}a_{n4}a_{n5}a_{n6}\cdots\cdots$$

이때 a_{pq}는 각각 소수의 자릿값을 의미한다. 예를 들어보자.

$$1 \qquad 0.783798099937\cdots\cdots$$

$$2 \qquad 0.523787123478\cdots\cdots$$

$$3 \qquad 0.528734340002\cdots\cdots$$

$$4 \qquad 0.001732845\cdots\cdots$$

이때 각 소수는 다음처럼 대응된다.

$$0.a_{11}a_{12}a_{13}a_{14}a_{15}a_{16}\cdots\cdots = 0.783798099937\cdots\cdots$$

$$0.a_{21}a_{22}a_{23}a_{24}a_{25}a_{26}\cdots\cdots = 0.523787123478\cdots\cdots$$

다시 말해, 칸토어의 방법은 선분 [0, 1]의 모든 실수를 자연수와 짝지을 수 있는 방법이 존재한다고 가정하는 것이었다.

여기서 칸토어의 천재성이 드러난다. "선분 [0, 1]에 속하는 동시에 위의 목록에는 없는 수를 만들 것이다." 그는 그 수를 다음처럼 표기했다.

$$A = 0.b_1b_2b_3b_4b_5b_6b_7b_8\cdots\cdots$$

이 수는 0.…… 처럼 시작하기 때문에 선분 [0, 1]에 위치하는 것이 확실하다.

그런데 문자 b_k는 무엇인가? 칸토어는 b_k를 다음처럼 만들었다.

a_{11}과 다른 숫자가 되도록 b_1을 정한다.

a_{22}와 다른 숫자가 되도록 b_2를 정한다.

a_{33}과 다른 숫자가 되도록 b_3을 정한다.

……

a_{nn}과 다른 숫자가 되도록 b_n을 정한다.

이런 식으로 정하면 A는 목록에 없다는 것이 보장된다. 왜일까? b_1은 a_{11}과 다르기 때문에 목록의 첫 번째 항목이 될 수 없다. b_2는 a_{22}와 다르기 때문에 목록의 두 번째 항목이 될 수 없다. b_3은 a_{33}과 다르기 때문에 목록의 세 번째 항목이 될 수 없다. b_n은 a_{nn}과 다르기 때문에 목록의 n번째 항목이 될 수 없다. 이렇게 칸토어는 선분 [0, 1]에 있으면서도 목록에는 없는 실수를 만들어냈다. 그리고 이 논리는 목록의 구성 요소가 무엇이든 상관없이 작동한다.

다시 말해, 다른 사람이 칸토어에게 와서 “나는 다른 목록을 가지고 있고, 이 목록은 [0, 1]의 모든 실수를 포함한다"고 말한다 해도 칸토어는 도전을 받아들일 수 있다. 목록에 있지 않은 실수를 만들어낼 수 있기 때문이다.

이렇게 증명은 끝난다. 누군가가 실수와 자연수를 대응시키려고 해도 결국 실패하리라는 것이 증명되었기 때문이다. 어떤 목록이 모든 실수를 가지고 있다고 주장한다고 해도 일부를 누락할 수밖에 없다.

이 방법은 '칸토어의 대각선 논법'이라는 이름으로 알려져 있다. 이것은 무한집합의 연구에서 역사상 가장 중요한 도약이었다. 칸토어가 이것을 증명한 순간부터 어떤 무한보다 더 큰 무한이 있다는 사실이 알려졌다.

길이가 다른 두 선분에는 똑같은 수의 점이 있을까?

우리가 이 책에서 반복해서 보았듯이 무한집합과 관련된 모든 것은 확실히 매력적이다. 직관은 물론이고 감각도 시험받는다. 칸토어의 유명한 문구 "나는 그것을 보고 있지만 믿지는 않는다"는 무한집합을 처음 마주쳤을 때 일어나는 감정을 잘 묘사하고 있다.

또 하나의 적절한 예시는 바로 선분이다. 길이가 서로 다른 두 선분을 생각해보자. 그리고 두 선분을 [A, B]와 [C, D]라고 부르자. 여러분은 모든 선분에는 무한히 많은 점이 있다는 사실을 알고 있을 것이다. 확인이 필요한가? 그렇다면 한 선분의 중간 지점을 표시하면 된다. 그리고 이 과정을 계속 반복해보라. 항상 중간에 점을 찍을 수 있기 때문에, 한 선분에 포함된 점의 수는 무한하다.

흥미로운 것은 무한을 비교하는 경우이다. 만약 [A, B]와 [C, D]처럼 두 선분의 길이가 서로 다른 경우, 어느 선분에 더 많은 점이 있을까? 그 답은 무척 뜻밖이다. 두 선분은 같은 수의 점을 가지고 있다. 둘 다 무한하지만 수는 동일하다. 이걸 어떻게 납득할 수 있을까?

다양한 종류의 무한을 다루고 있는 이 장에서 이미 살펴본 것처럼, 무한한 수를 세는 건 불가능하다. 우리에게는 다른 방법이 필요하다. 앞서 우리는 하나의 구성 요소를 다른 구성 요소와 '대응'시키는 방법을 사용했다(자연수와 정수, 혹은 유리수를 짝지었던 것을 기억하라). 이 경우에도 똑같이 할 것이다. 그 결과는 다음 그림과 같다.

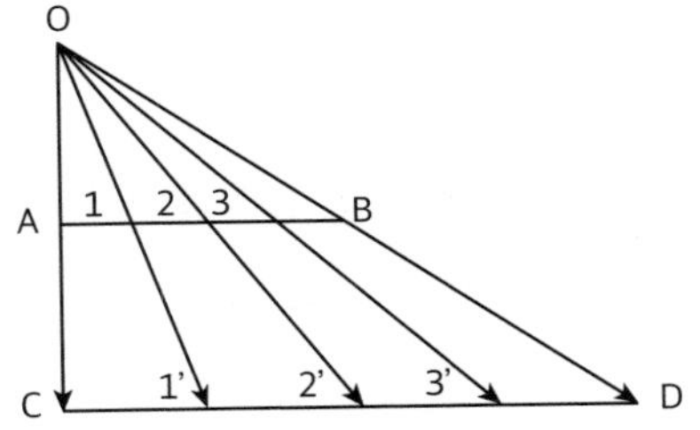

물론 이 결과는 직관을 거스른다. 여러분이 읽고 있는 책 한 쪽

의 길이에 해당하는 선분이 부에노스아이레스와 투쿠만을 연결하는 선분 혹은 지구와 달을 연결하는 선분과 점의 개수가 동일하다는 결과이기 때문이다.

선분 위의 점

나는 여러분이 '큰 수'와 얼마나 친숙한지 확인하고자 다음의 연습 문제를 풀어볼 것을 제안한다.

① 종이 한 장과 필기도구를 가져온다.

② 선분 하나를 그린다(종이를 아끼지 말고 크게 그려보자. 얼마나 길게 그리든 상관없지만 말이다).

③ 선분 맨 왼쪽에 숫자 0을 쓴다.

④ 맨 오른쪽에는 1조를 쓴다. 즉, 여러분이 그린 선분의 길이가 1조라고 가정할 것이다. 이 선분에 10억이라는 수를 표시해보자. 그 수를 어느 지점에 표시할 수 있을까?

정답은 '해법'에 있다.

영원히 닿지 못하는 거리

두 사람 A와 B가 서로 2m 떨어진 거리에 서 있다고 상상해보자. 두 사람은 가상의 존재가 되어 선분의 양 끝을 의미하는 점처럼 기능할 것이다. 이 선분의 길이는 2m이다.

이제 A는 B를 향해 걷기 시작한다. 그런데 마음대로 걷지 않고 다음의 지시를 따라 걸을 것이다. A는 한 걸음 걸을 때마다 B에게 도달하기 위해 가야 할 거리의 정확히 '절반'만큼 이동한다. 다시 말해, A가 내딛을 첫 걸음은 1m이다(A가 B로부터 2m만큼 떨어져 있었기 때문이다).

그다음 A는 0.5m만큼 전진한다. B에게 도달할 때까지 가야 할 거리가 정확히 1m이기 때문이다. 이제 A는 1.5m 지점에 서 있을 것이다. B로부터 0.5m 거리에 있기 때문에 다음에 가야 할 거리는 0.25m이다. 그곳에 도착하면 출발 장소로부터 1.75m 거리에 서 있게 된다.

A는 계속 걷는다. A가 가야 할 거리는 차례대로 1/8, 1/16, 1/32, 1/64, 1/128, 1/256, 1/512, 1/1024m 등이다.

쉽게 짐작할 수 있듯이 A는 결코 목적지에 도달하지 못한다. 얼마나 걷는지와는 상관이 없다. A는 점점 적게 걷긴 하겠지만 어쨌든 항상 앞으로는 나아간다. 그렇다고 해도 결코 목적지에 도달하진 못한다.

이 모든 것을 다음처럼 수식으로 적어볼 수 있다.

$1 = 1 = 2 - 1$

$1 + 1/2 = 3/2 = 2 - 1/2$

$1 + 1/2 + 1/4 = 7/8 = 2 - 1/4$

$1 + 1/2 + 1/4 + 1/8 = 15/8 = 2 - 1/8$

$1 + 1/2 + 1/4 + 1/8 + 1/16 = 31/16 = 2 - 1/16$

$1 + 1/2 + 1/4 + 1/8 + 1/16 + 1/32 = 63/32 = 2 - 1/32$

$1 + 1/2 + 1/4 + 1/8 + 1/16 + 1/32 + 1/64 = 127/64 = 2 - 1/64$

여러분이 이미 패턴을 발견했으리라 생각한다(패턴을 발견하는 것은 궁극적으로는 수학자들이 하는 일인데…… 반드시 성공하지는 않는다). 수들의 합은 점점 더 커지고, A가 걷는 걸음의 총합 또한 점점 더 커질 것이다. 즉, 우리는 계속해서 증가하는 수의 수열을 만들고 있다. 증가한다는 것뿐만 아니라 '어떻게 증가하는지'도 분명히 알 수 있다. 점점 2에 가까워지고 있기 때문이다. 오른쪽 열의 결과를 보면, 다음의 사실을 알 수 있다.

$2 - 1$

$2 - 1/2$

$2 - 1/4$

$2 - 1/8$

$2 - 1/16$

$2 - 1/32$

$2 - 1/64$

이러한 발견으로부터 여러 교훈을 이끌어낼 수 있지만, 두 가지 정도를 언급하고 싶다.

① 양수를 무한히 더할 수 있지만, 그렇다고 제한 없이 큰 수가 되지는 않는다. 위의 예시에서 모든 수의 합은 2를 넘지 못한다. 실제로 무한히 더할 수 있다면 최종 결과는 2가 될 것이다.

② 이 과정은 A가 계속 걸어서 2에 접근할 수는 있지만 결코 도달하지는 못한다는 것을 보장한다. 물론 A와 B를 갈라놓은 거리는 점점 더 좁아진다. 하지만 A는 B에게 결코 닿지 못한다.

지금까지 우리는 중요하고 심오한 수학 개념을 여럿 다뤘지만, 가장 중요한 것은 '극한'의 개념이다. 극한 개념은 18세기 초 영국의 아이작 뉴턴과 독일의 고트프리트 라이프니츠가 독립적으로 발견했다. 그리고 이 개념으로 과학의 세계를 영원히 바꾸어놓았다.

2장

수학자의 고민

우리가 이해하지 못하는 이유

이 짧은 이야기는 몇 년 전 세상을 떠난 내 친한 친구 리카르도 노리에가가 쓴 이야기를 재구성한 것이다. 리카르도는 아르헨티나의 수학자로 미분기하학의 전문가였는데, 아주 이른 나이에 세상을 떠났다. 수학자 루이스 산탈로[9]와 수년간 함께 일했고, 직업적 재능을 넘어서 굉장히 멋진 사람이었다. 항상 쾌활하고 예의 바르며, 동료나 학생과 함께 있을 때 늘 아버지와 같은 태도를 보여주는 너그러운 사람이었다. 대단한 사람이었다.

---

9 산탈로는 역사상 가장 중요한 기하학자 중 하나였다. 스페인에서 태어났지만 스페인 내전 때 탈출해서 자신의 삶 대부분을 아르헨티나에서 보냈다. 진정한 교사였던 그의 개인적, 전문적 공헌은 값을 매길 수 없을 정도로 귀중하다.

젊은 시절 우리는 함께 공부했다. 그는 본인의 저서 『미분적분학』에서 어떤 생각에 대한 글을 썼는데, 그 생각은 나에게 큰 영향을 끼쳤다. 우리는 왜 무언가를 이해하지 못할까? 그리고 왜 나중에야 그것을 이해할까? 그리고 왜 차후에는 그것을 잊어버릴까?

리카르도는 다음과 같이 썼다. 그의 원문을 그대로 보여주진 않겠다. 나만의 방식으로 바꾸어 이야기하는 것을 선호하기 때문이다.

"수학에 관한 글을 읽을 때면 많은 문제에 봉착한다. 읽은 것을 이해하지 못하는 문제 말이다. 그래서 멈추고, 생각하고, 다시 글을 읽는다. 그런데 대부분은 여전히 계속 이해하지 못한다. 앞으로 나아가지 못한다. 이해하고 싶은데 그럴 수가 없다. 단락을 다시 읽는다. 생각한다. 많은 시간을 쏟아붓는다. 느닷없이 이해될 때까지……. 머릿속에서 무언가가 열리고, 무언가가 연결된다……. 이제 이해하기 시작한다. 이해할 수 있다! 그러나 이야기는 여기서 끝나지 않는다. 놀라운 점은 우리가 '왜 이전에 이해하지 못했는지를 이해할 수 없다'는 것이다."

이것은 생각해볼 가치가 있는 성찰이다. 무엇이 우리를 멈추게 하는가? 왜 우리는 어떤 순간에는 이해하지 못하고 나중에는 이해하는가? 왜일까? 우리 머릿속에서 무슨 일이 일어나는 걸까? 무슨 연결이 이뤄질까? 꽤 오랫동안 이해하지 못하고 있다가 느닷없이 한 번의 '클릭'으로 이해하게 되는 순간의 의미는 무엇인가? 왜 이전에는 우리가 이해하지 못했는지 생각해보면 경이롭지 않은가? 이 과정을 다시 재현해볼 수 있을까? 다른 사람의 이해를 돕는 데 사용할 수 있을까? 한 사람의 경험이 다른 사람의 학습 속도와 깊이를 향상시키는 데 도움이 될 수 있을까?

아인슈타인과 푸앵카레의 대화

내 생각으로는 아인슈타인을 따로 소개할 필요는 없을 것 같다. 하지만 푸앵카레와 그가 남긴 몇 마디 말은 전할 가치가 있다고 생각한다. 19세기 말에서 20세기 초반에 과학에 공헌했던 기여가 덜 중요했기 때문이 아니라 그의 작업과 경력이 일반 대중에게 덜 알려져 있기 때문이다. 언론은 아인슈타인을 역사상 가장 유명한 사람의 반열에 올리기 위해 주력했다. 읽고 쓸 줄 아는 사람이라면 누구나 아인슈타인이 어떤 사람인지 알 것이다. 추측하건대, 아인슈타인을 모르는 사람의 수가 푸앵카레를 아는 사람의 수와 일치한다고 말한다면 아주 틀린 말은 아닐 것이다. 어쩌면 내가 과장하고 있는 것일 수도 있지만…….

앙리 푸앵카레는 1854년 프랑스 낭시에서 태어나 1912년 7월 17일 파리에서 삶을 마감했다. 그는 양손잡이였고 근시안이었다. 평생 디프테리아로 고통받았고, 그로 인해 심각한 신체 운동 장애가 발생했다. 하지만 푸앵카레는 손꼽히는 지성으로 간주된다. 수학, 물리학, 철학에 전념했고, (자신의 지식에 기반하여 학문 간 경계를 허물었다는 의미에서) 마지막 '보편주의자'로 여겨진다. 그는 수학, 천체역학, 유체역학, 특수상대성이론, 과학철학 등 다양한 분야에 광범위하게 기여했다.

푸앵카레는 우주의 모양을 추측하며 '위상수학'과 관련된 추측을 하나 남겼다. 그는 아주 소수의 사람, 즉 해당 주제의 전문가 집단을 제외하고는 이해할 수 없었던 그 추측을 잘 파악하고 있었다.

이제 20세기 전반기에 과학계에서 가장 저명했던 두 인물 사이의 대화를 살펴보자.

아인슈타인 앙리, 알고 있겠지만 저는 처음에는 수학을 공부했습니다. 그런데 그만두고 물리학에 전념했죠…….

푸앵카레 아, 몰랐습니다. 왜 그랬죠?

아인슈타인 글쎄요, 수학으로는 어떤 말이 참이고 거짓인지는 알아낼 수 있지만, 어떤 말이 중요한지는 결정할 수 없더군요.

푸앵카레 알베르토, 당신의 말이 참 흥미롭군요. 저는 원래 물리학을 전공했는데, 수학으로 바꿨답니다…….

아인슈타인 아, 그렇습니까? 왜 그랬죠?

푸앵카레 그건 제가 중요한 말과 사소한 말은 구분할 수 있어서 어떤 말이 중요한지 결정할 수는 있었지만, 문제는…… 그 말이 참인지 거짓인지 몰랐기 때문이었죠!

플레밍과 처칠[10]

그의 이름은 플레밍이었다. 가난한 스코틀랜드 농부였다. 가족의 생계를 위해 밭에서 일을 하고 있었는데, 근처 늪에서 도와달라는 외침이 들려왔다. 플레밍은 연장을 내던지고 그 자리로 급히 달려갔다. 그곳에는 축축한 진흙탕에 허리까지 잠긴 한 소년이 겁에 잔뜩 질린 채 비명을 지르며 늪에서 빠져나오려 안간힘을 쓰고 있었다. 농부 플레밍은 천천히 조여오는 끔찍한 고통으로부터 소년을 구해냈다.

다음 날 아주 화려한 마차가 농장에 도착했다. 우아하게 차려입은 귀족이 마차에서 내리더니 자신이 소년의 아버지라고 소개했다.

"보답하고 싶습니다. 당신이 내 아들의 목숨을 살렸습니다."

"아닙니다. 제가 한 일에 대한 대가를 받을 수 없어요. 마땅히 해야 할 일을 한 겁니다."

바로 그때 농부의 아들이 오두막 문으로 다가왔다.

"저 아이가 당신의 아들입니까?" 귀족이 물었다.

"네." 농부가 자랑스럽게 대답했다.

"그럼 제안을 하나 하고 싶네요. 당신 아이에게 제 아이가 받는 것과 동일한 수준의 교육을 제공할 수 있도록 허락해주십시오. 아

---

10 이 이야기는 이전에 내 학생이었고 지금은 아주 좋은 친구가 된 헤라르도 가르불스키가 내게 들려준 것이다. 그는 항상 과학에 대해 예리한 시각을 갖고 있었는데, 그러한 관점 덕분에 내가 이 이야기를 알게 되었다.

이가 아버지를 닮았다면 우리 모두 자랑스러워할 훌륭한 어른으로 성장하리라 확신합니다.”

농부는 제안을 받아들였다.

농부 플레밍의 아들은 최고의 학교에 다녔다. 얼마 후 런던의 세인트메리 병원 의과대학을 졸업하였으며, 감염 치료에 혁명을 일으킨 페니실린을 발견해 세계적으로 이름을 떨치는 과학자가 되었다.

몇 년 후, 귀족의 아들이 폐렴에 걸렸다. 늪에서 목숨을 건진 바로 그 아이였다. 이번에는 무엇이 그의 목숨을 구했을까? 물론 페니실린이었다!

그 귀족은 누구였을까? 바로 영국의 총리였던 랜돌프 처칠 경이었다. 아들의 이름은? 역시 영국의 총리를 맡았던 윈스턴 처칠 경이었다.

우리 수학자들은 추론을 하지, 숫자를 세는 게 아니라고!

루이스 카파렐리는 나에게 수학자가 하는 일이 무엇인지에 대한 예시를 보여주었다. 그것을 여기에 공유하고 싶다. 카파렐리는 역사상 최고의 아르헨티나 수학자로 꼽힌다(2005년에는 거의 확실히 최고였다). 나는 그에게 전문 수학자가 하는 일에 대한 책을 쓰고 있으니 예시를 들려달라고 요청했다. 카파렐리가 가장 먼저 한 일은 이 절의 제목을 보내준 것이었다.

우선 카파렐리에 대해 잠깐 얘기하겠다. 1948년에 태어난 카파렐리는 스무 살에 수학 석사학위를, 스물네 살에 박사학위를 취득했다. 1994년에는 교황청 과학원 회원으로 임명되었다. 교황청 과학원은 1603년에 설립된 기관으로 전 세계적으로 단 80명의 회원만을 보유한다. 이 기관의 회원이 된다는 것은 뛰어난 과학적 자질을 가졌음을 뜻한다. 그는 뉴욕의 쿠란트 수학 연구소, 시카고 대학교, MIT, 버클리 대학교, 스탠포드 대학교, 본 대학교, 그리고 뉴저지의 프린스턴 대학교에서 교수를 맡았다. 특히 프린스턴 대학교는 아인슈타인, 괴델과 같은 훌륭한 학자가 연구를 수행한 곳이기도 하다.

개인적인 일화도 있다. 1960년대 말경에 나는 카파렐리와 함께 '정밀 과학 및 자연과학부'에서 수업 조교로 일했다. 과목명은 '실함수 I'이었다. 우리는 실습과 시험을 위해 연습 문제를 준비해야 했다. 이 과목은 학생뿐만 아니라 교수자에게도 끊임없는 도전을 제기했다. 기본적으로 수학과 학생을 위한 첫 번째 상위 과목이었다. 어느 금요일, 수업이 끝나고 우리는 주말 동안에 각자 어떤 연습 문제를 낼지 생각하고 다음 주 월요일에 만나서 토론하기로 했다. 나는 5개의 연습 문제를 준비했다. 카파렐리 역시 문제를 준비했지만 나와는 달랐다. 그는 123개의 문제를 가져왔다. 그렇다, 123개였다. 그러면서도 오만하게 굴지도 않고 잘난 척을 하지도 않았다. 그에게 수학은 우리 모두가 숨 쉬는 공기처럼 자연스럽게 자신의 삶을 따라 흐르는 것이었다. 그는 다르게 생각하고 다르게 보고 다르게 상상한다. 의심할 여지없이 특별한 사고방식이다. 자, 이제 루이스 카파렐리의 생각을 따라서 전문 수학자가 무슨 일을 하는지 함께 살펴보기로 하자.

위스키와 얼음 조각에 무슨 일이 일어나는지 연구하는 것은 우주선이 대기권으로 다시 진입할 때의 충격이나 폭발적 인구 증가 및 기후 예측과 관련이 있다.

연구자는 시스템의 수학 모델을 구축하고, 그것이 실재를 반영한다고 가정하며, 시뮬레이션의 결과를 시험하여 계산이 옳은지 아닌지를 확인한다.

얼음 조각 연구의 경우, 얼음과 물의 접촉면을 분석한다. 안정적이라면 위스키를 아주 조금 더 부어서 시스템의 극적인 변화가 생길지, 얼음이 녹으면 어떻게 될지 등을 연구한다.

비행기 날개 주변의 공기 흐름이나 인구통계학을 연구할 때도 마찬가지이다. 수학자는 이러한 문제를 표현하는 방정식을 발견하고자 애쓰고, 연구하려는 현상을 반영하는 변수를 도입하고자 노력한다.

수학과 사회 사이의 관계는 TV를 켜고, 팩스를 받고, 이메일을 보내고, 전자레인지를 돌려서 음식을 데울 때 분명히 드러난다. 그러나 전자레인지의 기본 현상을 생각하는 과학자와 수학자는 아기 젖병을 가열하는 문제를 해결하려 하기보다는, 분자가 특정 효과에 직면할 때 어떤 영향을 받는지 이해하려 한다.

나중에 나는 그에게 과학자와 그 과학자를 보호하는 사회의 소통 문제는 어떻게 생각하는지도 물어보았다.

과학과 사회는 분리되어 있지 않다. 그 관계는 매우 광범위하고 복잡하며 명확하지 않은 경우가 많다. 따라서 과학은 더 전문화되어 사회 각 부문에 세밀하게 접근할 필요가 있다.

미래에는 과학이 한층 더 수학적으로 변할 것이다. 사물을 이해하고, 수학화하고, 있는 그대로 이해하는 것은 매우 어렵다. 수학은 이질적인 것들을 종합하려 노력한다. 즉, 이것은 하나의 현상이며 같은 공식의 한 변형 사례에 지나지 않는다고 말하려 한다.

버트런드 러셀의 역설

버트런드 러셀은 1872년부터 1970년까지 97년의 삶을 살았다. 영국 왕실과도 친밀한 아주 부유한 가문의 일원으로 태어났다. 줄곧 복잡 미묘한 삶을 살았고, 전쟁을 반대했으며, 종교에 대항하여 싸웠고, 여러 번 감옥에 투옥되었으며, 네 번 결혼했고(마지막 결혼은 여든에 했다), 다양한 성적 경험을 항상 자랑스러워했다. 20세기의 위대한 사상가이자 손꼽히는 수학자였지만 1950년에 노벨 문학상을 수상했다. 하버드 대학교, 케임브리지 대학교, 버클리 대학교의 교수를 역임했다.

한마디로 아주 특별한 인물이었다. 그의 모든 업적을 이야기하는 것은 이 책의 범위를 벗어난다. 하지만 '자기 자신을 구성 요소로서 포함하지 않는 집합'에 대한 그의 유명한 역설은 매우 흥미롭기 때문에 언급할 만하다.

여러분에게 다음의 세 가지 예시를 들어보겠다. 그런 다음, 다시 원래 주제로 돌아가 이야기하도록 하겠다.

① 바다로 나간 이발사에 대하여

선원을 가득 실은 배 한 척이 어떤 임무를 받고 바다로 떠났다. 배의 일부 구성원이 매일매일 면도를 하지 않는다는 것을 알아차린 선장은 불쾌한 마음을 감출 수가 없었다. 그런데 배에는 이발사 선원도 승선해 있던 터라 선장은 그 선원을 선실로 불러 다음과 같이 지시했다.

"내일부터 배에 탄 사람 중 스스로 면도하지 않은 모든 사람을 당신이 면도해주시오. 스스로 면도하기를 원하는 사람들은 내버려둬도 괜찮습니다. 당신은 면도하지 않는 사람들만 맡으시오. 이건 명령입니다."

이발사는 자리에서 물러났고, 다음 날 아침 일어나자마자 선장의 명령을 이행할 준비를 했다. 그런데 그에 앞서 자연스레 화장실에 가게 되었는데, 거기서 면도를 하려는 순간 자신이 '면도를 할 수 없다'는 사실을 깨달았다. 선장의 명령이 매우 분명했기 때문이다. 즉, 이발사는 스스로 면도하지 않는 사람들만 면도할 수 있었다. 다시 말해, 스스로 면도하지 않는 사람만 면도하라는 원칙을 어기지 않으려면 자기 수염은 그냥 내버려두어야 했다. 그러나 동시에 그냥 수염이 자라게 둘 수도 없다는 사실을 깨달았다. 이는 선원 누구든 스스로 면도할 수 있다면 그렇게 하라는 선장의 명령을 어기는 셈이었기 때문이다. 그러니 그는 스스로 면도를 해야 하기도 했다.

이발사 선원은 스스로 면도할 수 없고(선장이 스스로 면도하지 않는 사람만 면도해주라고 했기 때문에), 수염이 자라도록 그냥 둘 수도 없었기에(선장은 그것을 허용하지 않았다), 절망에 빠진 이발사는 배 밖으로 뛰어내리기로(혹은 누군가에게 자신을 면도해달라고 요청하기로……) 결심했다.

② 누가 교수형을 당해 죽어야 하는지에 대하여

잘못한 일에 대해 큰 죗값을 받는 어느 도시에서 왕이 한 사람에게 사형을 선고했다. 사형 집행은 교수형으로 결정되었다. 단죄하는 분위기를 조금 더 돋우기 위해 2개의 단에 2대의 교수대를 설치했다. 하나는 '진리의 제단'으로, 다른 하나는 '거짓의 제단'으로 불렀다. 집행관들이 죄수를 앞에 두고 규칙을 설명했다.

"형식에 따라 당신은 마지막으로 말할 기회를 갖게 될 것이오. 당신의 말이 참인지 거짓인지에 따라 진실의 제단이나 거짓의 제단에서 처형될 것입니다. 당신의 결정에 달렸소."

죄수는 잠시 생각에 잠기더니 이내 마지막 말을 할 준비가 되었다고 말했다. 침묵이 흐르고 모두가 그의 말을 들을 준비가 되었다.

"당신들은 거짓의 제단에 나를 매달 것이오."

"그게 다입니까?" 집행관이 그에게 물었다.

"그렇소."

사형 집행관이 죄수에게 다가와 거짓의 제단으로 데려가려 했다. 그런데 죄수의 곁에 서 있던 한 집행관이 말했다.

"잠깐, 우리는 이 자를 거짓의 제단에 매달 수 없습니다. 그렇게 한다면, 이 자의 마지막 말이 진실이 되기 때문이오. 우리는 규칙을 준수하고자 마지막 말의 타당성 여부에 따라 그를 교수형에 처하겠다고 말했습니다. 이 자는 '우리가 자신을 거짓의 제단에 매달 것이다'라고 말했죠. 그러면 그의 말이 사실이 될 것이므로 우리는 거기에 그 사람을 매달 수 없소."

사형 집행에 참여한 또 다른 이가 위험을 무릅쓰고 말했다. "아무렴, 이 자는 진리의 제단에 매다는 것이 마땅합니다."

"거짓말!" 뒤에서 또 다른 사람이 소리쳤다. "그렇게 한다면 그의 마지막 말이 거짓이 되는 것이니 오히려 우리는 그에게 상을 내리는 꼴이 될 것이오. 우리는 이 자를 진리의 제단에 매달 수 없습니다."

죄수를 처형할 생각이었던 사람들은 모두 혼란스러워졌다. 영원한 논쟁에 빠지고 말았다. 결국 그 틈을 타 도망친 죄수는 지금 논리에 대한 책을 집필하고 있다.

③ 신은 존재하지 않는다

버트런드 러셀의 역설을 표현하는 방식 중에서 이것이 가장 두드러진다. 바로 신은 존재하지 않는다는 명제를 증명하는 것이다.

먼저 신이 어떤 존재인지 동의해야 한다. 정의에 따르면, 신의 존재는 전지전능한 존재와 동일시된다. 그렇다면 우리가 '아무도 전능할 수 없다'는 명제를 증명할 수 있는 한 아무도 자신이 신이라고 주장할 수 없을 것이다.

우리는 '귀류법'을 통해 이 명제를 증명할 것이다. 다시 말해, 결론을 참이라고 가정하면 모순에 빠지게 된다. 신이 존재한다고 가정해보자. 신의 존재는 전능해야 한다. 우리가 하려는 것은 '전능한 존재는 없다'라는 명제를 증명하려는 것이다.

만약 전능한 힘을 가진 존재가 있다면, 엄청 큰 돌을 만들 수 있을 것이다. 그에게는 충분한 능력이 있다. 그렇지 않다면 전능하지 않다는 결론이 나오기 때문이다. 따라서 우리는 그가 아주 큰 돌을 만들 수 있는 힘이 있다는 결론을 내린다. 그런데 전능한 존재는 아주 큰 돌을 만들 수 있어야 할 뿐만 아니라, 그 자신조차 옮길 수 없는 돌을 만들 줄도 알아야 한다……. 그는 전능하기 때문에 이 일도 당연히 해낼 수 있다. 그렇다면 그 돌은 너무 커서 전능한 존재조차 옮길 수 없다.

이것은 모순이다. 그가 옮길 수 없는 돌이 있다면, 그것은 그에게 힘이 부족함을 의미하기 때문이다. 그리고 그가 그런 돌을 만들 수 없다면, 그것 역시 그에게 힘이 부족함을 의미한다. 궁극적으로 자신이 전능하다고 주장하는 존재는 누구나 문제를 겪을 것이다. 어떤 식으로든 전능한 존재는 아무도 없다. 이것이 바로 우리가 증명하고 싶었던 것이다.

자, 버트런드 러셀의 역설과 관련된 세 가지 예시를 살펴보았다. 이제 그 뒤에 어떤 개념이 숨어 있는지 생각해보자.

먼저 집합을 정의하는 것은 사소한 문제가 아니라는 점을 지적할 필요가 있다. 정의하려 아무리 노력해봤자 결국에는 집단, 그룹, 집합체 등의 동의어를 사용하면서 마무리하게 될 것이다.

그러니 집합에 대한 직관적인 정의를 받아들이도록 하자. 즉, 어떤 특성에 따라 구별되는 사물들의 집단을 집합이라고 생각하자. 그렇다면 모든 정수, 나의 모든 형제자매, 최근 월드컵에 출전한 팀, 살면서 먹어본 피자의 종류 등이 예가 될 수 있다.

일반적으로 집합의 '원소'는 그 집합에 속하는 것들, 즉 구성 요소이다. 앞 단락의 예시를 생각해보면, 첫 번째 집합의 원소는 '정수', 두 번째 집합의 원소는 '나의 모든 형제자매', 세 번째 집합의 원소는 '최근 월드컵에 출전한 팀', 네 번째 집합의 원소는 '살면서 먹어본 피자의 종류'가 된다.

집합은 보통 (A, B, X, N처럼) 대문자로 표시한다. 그리고 각 집합의 원소는 중괄호에 넣는다.

A = {1, 2, 3, 4, 5}

B = {라우라, 로레나, 막시모, 알레한드로, 파울라, 이그나시오, 비비아나, 사비나, 브렌다, 미겔, 발렌틴}

C = {아르헨티나, 우루과이, 브라질, 칠레, 쿠바, 베네수엘라, 멕시코}

N = {자연수} = {1, 2, 3, 4, 5, ……, 173, 174, 175, ……}

P = {소수} = {2, 3, 5, 7, 11, 13, 17, 19, 23, 29, 31, ……}

M = {{네스토르와 그라시엘라}, {페드로와 파블로}, {티모와 베티}}

L = {{짝수}, {홀수}}

어떤 집합은 A, B, C와 같이 유한하다. 또 어떤 집합은 N과 P와 같이 무한하다. 어떤 집합은 다른 집합 자체를 자신의 원소로 갖는다. 짝을 원소로 갖는 M처럼 말이다. L은 두 원소를 가지는데, 각각이 자체적으로 집합이기도 하다. 즉, 집합의 원소도 집합이 될 수 있다.

이제 집합에 대한 개념을 익혔으니 러셀의 질문을 살펴보자.

"집합은 자기 자신을 원소로 가질 수 있을까?"

러셀은 다음과 같이 썼다. "내 생각에는 그것이 가능한 집합의 종류가 있고, 그것이 불가능한 집합의 종류가 있는 것 같다." 러셀은 티스푼의 집합을 예로 들었다. 당연히 모든 티스푼의 집합이 하나의 티스푼은 아니므로, 이 경우에는 집합 자체가 원소로 포함되지 않는다. 마찬가지로 지구에 거주하는 모든 사람의 집합이 한 명의 사람은 아니므로, 이번에도 집합 자체가 원소로 포함되지 않는다.

비록 직관적이지 않은 것처럼 보이지만 러셀은 자기 자신을 원소로 포함하는 집합도 생각했다. 예를 들어, 티스푼이 아닌 모든 것의 집합이 있다. 이 집합은 포크, 축구선수, 공, 베개, 비행기 등 모든 것을 포함한다. 티스푼만 빼고 전부 다 말이다. 분명한 것은 (티스푼이 아닌 모든 것으로 구성된 집합인) 이 새로운 집합 자체는 하나의 티스푼이 아니라는 사실이다! 즉, 티스푼이 아니기 때문에 자기 자신을 원소로 포함해야 한다.

러셀이 제시한 또 다른 예는 다음과 같다. 스무 개 이하의 글자로 쓸 수 있는 집합의 집합을 A라고 부르자(사실 러셀은 그것을 영어로 썼지만, 이 논의에서는 별로 중요치 않다).

예를 들어, '모든 수학 책'의 집합은 A의 원소인데, 이름을 다섯 글자로 쓸 수 있기 때문이다. 마찬가지로 '파타고니아의 모든 동물'이라는 집합 역시 A의 원소이다. '유럽의 모든 의자' 집합도 역시 A의 또 다른 원소이다.

그럼 이제 다음 단계로 나아가보자. 집합 A 자체는 자기 자신의 원소일까? 이것이 참이려면 스무 개 이하의 글자를 사용하여 이름을 적을 수 있어야 한다. 그리고 분명히 우리는 '스무 개 이하의 글자로 쓸 수 있는 집합의 집합'이라고 정의를 내렸다. 이런 식으로 생각한다면 A는 분명히 자기 자신을 원소로 갖는다.

그렇다면 이 순간부터 우리는 두 종류의 집합을 생각할 수 있다.

자기 자신을 원소로 갖는 집합과 그렇지 않은 집합을 말이다. 하지만 러셀은 한 걸음 더 나아갔다. 그는 다음과 같은 집합을 떠올렸다.

R = '자기 자신을 원소로 갖지 않는 모든 집합의 집합'
= {자기 자신을 원소로 갖지 않는 모든 집합} (※※)

예를 들어, R은 '남미 국가들의 모든 수도'의 집합, '나의 모든 형제자매'의 집합, '호주의 모든 캥거루'의 집합 등을 원소로 가지고 있다. 그리고 분명 훨씬 더 많은 집합을 가지고 있다. 그렇다면 R은 자기 자신을 원소로 갖는 집합일까?

가능한 두 가지 답변을 분석해보자.

① 만약 답변이 '예'인 경우, R은 자기 자신을 원소로 갖는다. 즉, R은 R의 원소이다. 그러나 (※※)에서 볼 수 있듯이, R은 자기 자신의 원소가 될 수 없다. 만약 원소가 될 수 있다면 R의 원소가 될 수 없다는 뜻이기 때문이다. 결국 R은 자기 자신의 원소가 될 수 없다.

② 만약 답변이 '아니오'인 경우, 즉 R이 자기 자신의 원소가 아니라면, R은 R의 원소여야 할 것이다. R은 정확히 자기 자신을 원소로 갖지 않는 집합을 원소로 가지기 때문이다.

이 문제가 바로 이 절의 서두에서 제시했던 세 가지 예시의 기초를 이루는 생각이다. 이것이 바로 '버트런드 러셀의 역설'이다. '자기 자신을 원소로 갖지 않는 모든 집합의 집합' 자체가 자기 자신에 속하는지 여부를 판단하는 것은 불가능해 보인다.

오랜 세월이 흐른 후, 논리학자들은 자기 자신을 원소로 갖는 집합은 '집합이 아니다'라는 데에 합의함으로써 (겉보기로만) 논쟁을 해결했다. 실제 문제는 '양탄자 아래' 감춰졌다.

피타고라스 일대기

그리스 사모스섬 출신 피타고라스는 예언자이자 신비주의자로 여겨진다. 그가 태어난 사모스섬은 철학자 탈레스가 태어난 밀레토스에서 그리 멀지 않은 도데카니소스 제도에 속한 섬이다. 어떤 이는 피타고라스를 탈레스의 제자로 설명하지만 그럴 가능성은 없어 보인다. 두 사람 사이에는 거의 반세기의 세월이 놓여 있기 때문이다. 피타고라스는 바빌론과 이집트, 심지어 인도까지 가서 수학, 천문학, 그리고 종국에는 종교에 대한 지식을 얻었을 가능성이 매우 높다. 피타고라스는 공교롭게도 부처, 공자, 노자와 동시대 사람이었는데, 그 당시는 수학뿐 아니라 종교 또한 굉장한 속도로 발전하던 시대였다.

그리스로 돌아온 피타고라스는 현재 이탈리아 남동쪽 해안에 있는 크로토네의 한 지방에 정착했다. 당시에 그곳은 '마그나 그라이키아'라는 이름으로 알려져 있었다. 거기에서 그는 오르페우스교 숭배를 연상시키는 비밀 결사체를 설립했다.

피타고라스는 상당히 모호한 인물로 남아 있는데, 부분적으로는 당시의 문서가 소실되었기 때문이다. 피타고라스의 몇몇 전기는 아리스토텔레스의 저술을 포함하여 고대에 작성되었으나 세월의 풍파를 견뎌내지 못했다. 피타고라스의 집단이 비밀스러웠다는 점 또한 그의 본모습을 명확히 밝히기 어려운 이유이다. 지식과 재산은 공동의 것이어서 발견의 귀속이 특정인에게 돌아가지 않고 집단의 유산으로 여겨졌다. 그런 이유로 피타고라스와 관련된 발견은 피타고라스 본인이 아닌 '피타고라스 학파'의 공헌으로 돌리는 것이 좋다.

피타고라스 정리

아주 오래전, 나의 특별한 수학 멘토이자 친구인 카르멘 세사가 피타고라스 정리의 여러 증명을 담은 봉투를 가져왔다. 그녀가 그것을 어디에서 알아냈다고 했는지는 잘 기억나지 않지만, 그녀는 이토록 다양한 방법으로 동일한 명제를 증명할 수 있다는 사실에 흥분한 상태였다. 얼마 뒤에 나는 피타고라스 정리의 증명 367개를 담은 책이 존재하며, 그것이 1968년에 재출간되었다는 사실을 알게 되었다.

어쨌든 카르멘이 내게 전한 증명으로 돌아가보자. 무척 단순해서 매료되었던 증명이 하나 있었다. (1980년대 후반이었던) 그 순간부터 지금까지 나는 멈추지 않고 그 증명을 반복해서 떠올리고 있다. 함께 살펴보자.

각 변이 a, b, h인 직각삼각형 T가 있다(각 하나가 90도인 삼각형을 '직각삼각형'이라고 한다).

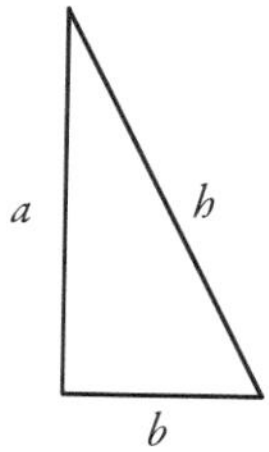

이제 길이가 $(a+b)$인 변을 가진 두 개의 사각형을 만들 것이다. 다음처럼 도형을 만들고 사각형에 a변과 b변을 표시한다.

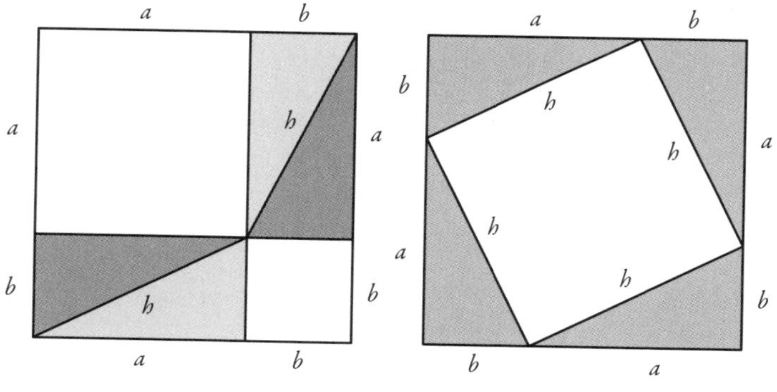

이제 각각의 사각형에 직각삼각형 T가 몇 개 포함되어 있는지 관찰해보자. 두 사각형은 모든 변의 길이가 $(a+b)$로 똑같은 동일한 사각형이기 때문에, 두 사각형 둘 다 4개의 T를 포함한다면 각

사각형에서 (T들을 제외한) '비어 있는' 면적은 동일해야 한다.

첫 번째 사각형에는 면적이 각각 a^2와 b^2인 '작은 사각형'이 2개 있다. 반면, 두 번째 사각형에는 면적이 b^2인 새로운 사각형이 있다.

결론: 두 사각형의 면적은 똑같아야 하므로, 다음과 같다.

$$a^2 + b^2 = b^2$$

이것이 바로 우리가 증명하고 싶었던 것이다. '모든 직각삼각형에서 빗변의 제곱은 나머지 두 변의 제곱의 합과 같다.' 이 경우 두 변은 a와 b이고, 빗변은 b이다.

정말 멋진 증명 아닌가? 복잡한 방법이 필요하지 않은, 훌륭한 발상의 산물이다.

카를 프리드리히 가우스의 이야기

나이 많은 사람들은 젊은이들의 생각이 잘못되었다고 곧잘 말하곤 한다. 자신들이 생각하는 방식으로 생각하지 않는다는 단순한 이유 때문이다. 그래서 생후 첫 12개월 동안 말하고 걷는 법을 가르칠 때 보내는 것과 같은 정신 나간 메시지를 보낸다. 이것은 향후 12년간 잠자코 있으라고 부탁하는 것과 같다.

사실 이 이야기는 생각이 남달랐던 누군가와 관련이 있다. 그는 다르게 생각하는 과정 중에 생각지도 못한 방법으로 어떤 문제를 해결했다. 1784년경 독일 브라운슈바이크에서 있었던 일이다.

초등학교 2학년 교사[11]가 아이들의 '난장판'에 지쳐서 잠시 동안 아이들을 조용히 시키려고 문제를 하나 냈다.

"처음 100개의 자연수를 모두 더해보렴." 분명 아이들이 잠시 아무 말도 하지 않고 조용히 있게 하려는 의도였다. 하지만 선생님이 의자에 앉을 겨를조차 없이 한 소년이 거의 곧바로 손을 들었다.

"왜 그러니?" 선생님이 소년을 쳐다보며 물었다.

"선생님, 다 풀었어요." 소년이 대답했다. "답은 5,050이에요."

선생님은 답을 듣고도 믿을 수 없었다. 답을 제시한 속도에 놀랐던 것이다.

"예전에 풀어본 문제니?"

"아니요, 지금 막 푼 건데요."

반면, 다른 아이들은 첫 번째 수를 종이에 이제 막 쓰기 시작했을 뿐이었다. 그리고 친구와 선생님이 나누는 대화를 이해하지도 못했다.

"앞으로 나와서 어떻게 풀었는지 모두에게 알려주렴."

소년은 자리에서 일어나 겸손하게 칠판에 다가가서 숫자를 쓰기 시작했다.

---

11 이름은 버트너였다. 자료에 의하면 조교인 마틴 바르텔스도 동행했다고 한다.

$$1 + 2 + 3 + 4 + 5 + \cdots\cdots + 96 + 97 + 98 + 99 + 100$$

"자, 보세요." 소년은 설명을 이어갔다. "제가 먼저 한 일은 첫 번째 수와 마지막 수(즉, 1과 100)를 더하는 거였어요. 그럼 101이 나오죠."

"그다음 두 번째 수와 끝에서 두 번째 수(즉, 2와 99)를 더했어요. 다시 101이 나왔습니다."

"그러고 나서 세 번째 수와 끝에서 세 번째 숫자를 떼어내 더했죠. 또다시 101이 나왔어요."

"이런 식으로 수를 '둘씩 짝지우고' 더해보니까 합이 101이 되는 50개의 쌍이 나오더라고요. 101을 50으로 곱하니 선생님이 원하신 수 5,050이 나왔습니다."

이야기는 여기서 끝난다. 그 소년의 이름은 카를 프리드리히 가우스였다. 1777년 4월 30일 브라운슈바이크에서 태어나 1855년 하노버에서 생을 마감했다. 가우스는 '수학의 왕자'라고 여겨지며, 역사상 (유일한 최고는 아닐지라도) 최고로 손꼽히는 수학자였다.

그 소년이 얼마나 유명해졌는지는 중요하지 않지만, 내가 강조하고 싶은 것은 일반적으로 사람들은 정해진 일정한 방식으로 생각하려는 경향이 있다는 점이다. 마치 그것이 '자연스러운' 것처럼 말이다. 하지만 이 생각을 거슬러 다른 각도에서 문제를 바라보려는 사람들이 있다. 이것은 그런 사람들이 자신에게 제기되는 모든 문제를 전부 다른 방식으로 바라본다는 것을 의미하지는 않는다. 하지만 더 중요한 건 이것이다. 어째서 모든 사람이 자기 마음대로 생각하도록 내버려두지 않는 걸까? 고등학교나 대학교, 심지어 학부모조차도 아이가 다른 사람이 이미 가본 길을 그저 따라가게끔 의도적으로 '길들이려는' 경향이 있다. 어른들이 보기에는 이렇게 하는 것이 안전해서겠지만, 궁극적으로는 인생이라는 영화를 이제 막 시작한 젊은이들의 창조적인 능력을 가차 없이 제한하는 결과를 낳게 된다.

가우스가 처음 100개의 숫자를 모두 더하며 보여준 기초적이지만 통찰력 있는 계산법은 단지 하나의 예시일 뿐이다.

골드바흐의 추측

나는 여러분이 어떤 아이디어를 우연히 발견했는데도 그것이 맞았는지 틀렸는지 확신하지 못하고 잠시 생각해본 적이 있었을 거라 장담한다. 혹여나 그런 일이 단 한 번도 없었다면, 지금 시작해보라. 절대로 늦지 않았으니까. 놀랍게도 우리는 해결이 불확실한 어떤 문제를 머릿속으로 '즐길 수' 있다. 뒤집어 생각하고, 다른 각도로 바라보고, 의심해보고, 새롭게 시작하는 것이다. 그 문제에 화를 내보기도 한다. 다시 말해, 나중에 그 문제와 다시 얼굴을 맞대기 위해 결별해보기도 한다. 무엇과도 비교할 수 없는 경험이다. 한번 해보기를 권한다.

수학의 역사를 보면 다양한 분야에서 비슷한 예시가 많이 등장한다. 어떤 경우에는 문제가 간단히 해결된다. 다른 경우에는 해결하기가 훨씬 더 어렵기도 하고, 수년이(심지어 몇 세기가) 소요되기도 한다. 하지만 참인지 거짓인지 여전히 알 수 없는 것도 있다. 말하자면, 문제에 해결책이 있다고 생각하며 일생을 바쳤지만 그 해답을 찾지 못한 사람들이 있다. 그리고 어떤 해답이 거짓이라고 생각했지만 반론의 예시를 찾지 못한 사람들도 있다. 어쨌든 아직 풀리지 않은 문제를 해결한 사람은 명성, 권위, 돈을 거머쥘 수 있을 것이다.

이번 절에서 나는 '골드바흐의 추측'으로 알려진 추측에 대해 잠깐 이야기하고자 한다. 1742년 6월 7일, 크리스티안 골드바흐는 (역사상 아주 위대한 스위스 수학자인) 레온하르트 오일러에게 다음 명제를 증명해보라고 제안하는 편지를 썼다.

"2보다 큰 모든 짝수는 두 소수의 합으로 표현될 수 있다."

조금 더 쉬운 사례를 살펴보자.

$$4 = 2 + 2$$

$$6 = 3 + 3$$

$$8 = 3 + 5$$

$$10 = 5 + 5$$

$12 = 5 + 7$

$14 = 7 + 7 = 3 + 11$

$16 = 5 + 11$

$18 = 7 + 11 = 5 + 13$

$20 = 3 + 17 = 7 + 13$

$22 = 11 + 11$

$24 = 11 + 13 = 7 + 17$

……

$864 = 431 + 433$

$866 = 3 + 863$

$868 = 5 + 863$

$870 = 7 + 863$

이렇게 계속 이어갈 수 있다. 골드바흐의 추측은 4×10^{13}보다 작은 모든 짝수에 대해서는 참이라고 알려져 있다.

호주에서 태어나 그리스에서 자란 작가 아포스톨로스 독시아디스는 1992년 그리스어로 소설 『그가 미친 단 하나의 문제, 골드바흐의 추측』을 출간했다. 2000년에 다양한 언어로 번역되기도 한 이 책에서 영국의 '페이버 앤 페이버' 출판사와 미국의 '블룸즈버리 퍼블리싱' 출판사는 골드바흐의 추측을 푼 사람에게 100만 달러의 상금을 주겠다고 홍보하기도 했다. 말이 난 김에 얘기하자면, 독시아디스는 '수학 소설'의 선구자로 인정받고 있으며 연극과 영화를 감독하기도 했다.

골드바흐는 또 다른 추측도 제기했다. 이른바 '홀수 골드바흐의 추측'이라는 이름으로 알려졌는데, 5보다 큰 모든 홀수는 세 소수의 합으로 표현될 수 있다는 명제이다. 이 문제는 최대 700만 자릿수의 홀수까지는 사실인 것으로 알려져 있는데, 그래도 여전히 풀리지 않은 문제로 남아 있다.

골드바흐의 추측은 결국 거짓으로 판명될 수도 있다. 하지만 전문가들에 따르면 골드바흐의 추측은 '참'이며, 증명되는 것은 단지 시간문제일 뿐이라고 한다.

스리니바사 라마누잔의 이야기

사실 나는 동양의 역사와 수학에 대해 아는 것이 거의 없다. 미국이나 유럽을 벗어난 곳의 지식은 나에게는 미지의 영역이다. 하지만 수학과 관련된 흥미로운 이야기는 나와 동떨어진 곳에서도 활발하게 펼쳐지고 있다.

스리니바사 라마누잔은 힌두교를 믿는 인도의 수학자였다. 미천한 출신이었기에 그나마 장학금을 받아서 공립학교에 다닐 수 있었다. 전기 작가들에 따르면, 라마누잔은 학교 친구들에게 π의 소수점 이하 자릿수를 읊어주었으며, 열두 살에 '삼각법'에 통달했고, 열다섯 살에는 증명되지 않은 정리가 무려 6,000개(!)나 수록

된 수학 책을 읽었다. 이것이 그가 받은 기본적인 수학 훈련이었다.

1903년에서 1907년 사이에 라마누잔은 대학교에서 더는 시험을 치르지 않기로 결심했고, 수학적 호기심에 따라 연구하고 생각하는 일에 모든 시간을 쏟아부었다. 1912년이 되자 친구들은 그가 도출한 모든 결과를 세 명의 저명한 수학자에게 보내보라고 독려했다. 그중 두 명은 아무런 답신을 주지 않았다. 유일하게 답한 사람은 영국 케임브리지 출신의 수학자 고드프리 해럴드 하디였다. 하디는 그 시절 가장 저명한 수학자로 여겨졌다.

하디는 인도에서 온 편지를 받았다. 처음엔 그냥 무시하고 버리려 했지만, 마침 그날 밤 친구 존 리틀우드와 함께 있던 터라 둘이서 자리에 앉아 호기심 많은 인도 청년이 제안한 120개의 공식과 이론의 목록을 정밀하게 검토했다. 시간이 한참 지난 후 두 수학자는 그들이 한 천재의 작품을 목격하고 있다고 확신했다.

하디는 매우 까다로운 성격의 사람이었다. 수학 천재에 대한 자신만의 가치 척도를 가지고 있었다. 시간이 흐른 후, 그는 다음과 같은 점수를 공개했다.

스리니바사 라마누잔 100

다비트 힐베르트 80

존 리틀우드 30

본인 25

라마누잔의 공식은 하디를 압도했다. 하디는 자신이 느낀 놀라움에 대해 다음과 같이 썼다. "그의 공식들은 모두 참일 것이다. 오직 라마누잔만이 그 공식을 만들 수 있는 상상력을 지녔기 때문이다."

하디는 1914년에 라마누잔을 영국으로 초대했고, 그때부터 함께 연구하기 시작했다. 1917년, 라마누잔은 인도 출신 수학자 중 최초로 트리니티 칼리지에 입학하고 런던 왕립학회까지 가입했다. 하지만 문제는 건강이었다. 라마누잔은 런던으로 이주한 지 3년 만에 세상을 떠났다. 결핵의 일방적인 공격에 그의 몸은 더는 견뎌내지 못했다.

라마누잔이 런던의 한 병원에 입원해서 퇴원할 기약 없이 누워 있었을 때, 하디가 그를 만나러 갔다. 하디는 택시를 타고 병원에 도착하여 병실로 올라갔다. 분위기를 가볍게 띄울 생각으로 하디는 라마누잔에게 번호판 수가 "지루하고 단조로운" 1,729인 택시를 타고 왔다고 말했다.

라마누잔은 침대에 반쯤 걸터앉은 채 하디를 바라보며 말했다. "그렇게 생각하지 마세요. 매우 흥미로운 수인 것 같아요. 서로 다른 세제곱수 두 개의 합으로 나타내는 방법이 두 가지인 가장 작은 수거든요."

라마누잔은 옳았다.

$$1{,}729 = 1^3 + 12^3$$

$$1{,}729 = 9^3 + 10^3$$

게다가 1,729는 각 자릿수를 모두 더한 19(1 + 7 + 2 + 9)로 나눠지기도 한다.

$$1{,}729 = 19 \times 91$$

'서로 다른 세제곱수 두 개의 합으로 나타내는 방법이 두 가지인' 수로는 다른 예시도 있다.

(9, 15) 그리고 (2, 16)
(15, 33) 그리고 (2, 34)
(16, 33) 그리고 (9, 34)
(19, 24) 그리고 (10, 27)

즉,

$$9^3 + 15^3 = 729 + 3{,}375 = 4{,}104 = 2^3 + 16^3 = 8 + 4{,}096$$
$$15^3 + 33^3 = 3{,}375 + 35{,}937 = 39{,}312 = 2^3 + 34^3 = 8 + 39{,}304$$
$$16^3 + 33^3 = 4{,}096 + 35{,}937 = 40{,}033 = 9^3 + 34^3 = 729 + 39{,}304$$
$$19^3 + 24^3 = 6{,}859 + 13{,}824 = 20{,}683 = 10^3 + 27^3 = 1{,}000 + 19{,}683$$

결국 라마누잔의 말이 맞았다……. 1,729는 그렇게 밋밋한 수가 아니었다.

오스카 브루노의 수학 모델

오스카 브루노는 수학 박사이다. 그는 '칼텍'으로 더 잘 알려진 캘리포니아 공과대학에서 일하며 응용수학, 편미분 방정식, 컴퓨터과학 연구에 전념하고 있다. 또 수학적 방법과 컴퓨터 프로그램을 사용하여 공학 설계의 특징을 예측하기도 한다.

몇 해 전 나는 브루노에게 몇 가지 질문을 던졌다. 그러자 내게 답장을 보내왔는데, 그때 그가 보내준 글을 여기 옮겨 적고자 한다. 물론 허락은 받았다.

질문: 수학 모델이 어떻게 물건을 제작하기에 앞서 품질을 향상시킬 수 있나요?

답: 그러한 방법이 제공하는 장점은 분명합니다. 한편으로는 설계를 직접 해보는 것보다 시뮬레이션을 하는 것이 훨씬 더 간단하고 비용도 적게 들죠. 다른 한편으로는 실험으로 획득하기가 몹시 어렵거나 혹은 불가능한 정보를 가져다줄 수도 있습니다.

물론 이러한 수학 모델이 유효한지 여부는 실험과 비교해서 검증해야 하겠지만, 일단 모델이 검증되면 높은 수준의 신뢰도로 결과를 예측할 수 있습니다.

나는 재료과학 문제에 대한 수학 모델을 만들고 검증하는 일을 합니다. 그리고 다양한 과학 분야에 대한 수치적 방법을 고안하는 일을 합니다. 이러한 수치적 방법을 통해 컴퓨터로 수학 모델을 구현할 수 있습니다.

최근에는 다음과 같은 다양한 문제를 해결하기 위해 노력하고 있습니다.

① 레이더 생산

② 충격파를 사용해 흑연에서 다이아몬드를 생산하는 법

③ (생물학자 및 물리학자 연구진과 함께) 레이저를 기반으로 한 현미경 설계

④ 재무 예측

⑤ (자기장을 응용하여 탄성과 형태를 변화시킬 수 있는) 고무와 미세 철 입자로 구성된 재료('자기가변고체')의 설계

이런 유형의 예측 문제가 발전하면 다음과 같은 결과가 뒤따를 겁니다.

① 새로운 과학 지식

② 생산 과정의 개선 혹은 가격 인하

③ 새로운 장치 설계

예를 들어, 제가 앞서 언급한 현미경은 살아 있는 세포의 활동과 체액의 교환, 미생물과의 상호작용 등을 관찰할 수 있도록 설계되었습니다. 반면 고무 기반의 복합 재료는 자동차의 진동 저감 메커니즘을 개선하기 위해 개발되고 있죠. 원래는 도로 유형에 따라 경도가 다른 고무를 조합해야 하는데요. 자기장과 고무 기반의 복합 재료를 사용하면 경도를 다양화할 수 있으며, 모든 유형의 도로에서 진동을 가장 효과적으로 감소시킬 수 있습니다.

복합체의 설계(어떤 종류의 입자를 사용하는지, 어떤 고무를 얼마큼 사용해야 하는지)는 수치적 방법 덕분에 훨씬 수월해집니다. 모든 재료를 시제품으로 만들어보는 대신, 컴퓨터를 사용해서 복합체 구성 요소의 기본 속성을 특징지을 수 있습니다.

오스카의 생각은 여기까지이다. 이제 여기에 내 얘기를 조금 덧붙이겠다. 수학자로서 우리는 자주 다음과 같은 질문을 받는다. "당신이 하는 일로 뭘 할 수 있습니까? 그것으로 돈을 벌 수 있나요?"

수학을 응용하여 과학에 도움을 주는 수학자라면, 브루노처럼 대답이 명확한 경우가 많다. 반면, 기초 연구나 학문적 삶에 일생을 바친 수학자에게 묻는다면 애매한 대답이 나올 것이다. 일반 대중은 난처하다고 느끼고 아무 말도 하지 않을 텐데, 질문에 대한 대답을 들었는지도 확신하지 못한다.

앨런 튜링의 답변

크리스 로맨의 『아이디어 사전』이라는 책을 읽은 적이 있다. 그 책에 따르면, 영국의 컴퓨터과학자 앨런 튜링은 어떤 기계가 지능적인지 어떻게 알 수 있느냐는 질문에 다음처럼 대답했다고 한다. 나도 동의한다.

기계가 다음의 시험을 통과할 수 있다면 지능적인 것이다. 기계와 사람을 나란히 놓고 다른 사람이 질문을 하게 한다. 단, 질문한 사람은 누가 답한 것인지 알 수 없다. 잠시 후 질문자가 자신이 들은 대답이 사람이 말한 것인지 기계가 말한 것인지 구별하지 못한다면, 그 기계는 지능적이라고 볼 수 있다.

3장

확률과 추정

약간의 조합과 확률

동전을 던진 결과로 가능한 경우의 수는 두 가지이다. 당연히 앞면과 뒷면이다. 동전 2개를 던진 결과로 가능한 경우의 수를 계산하고 싶다면, 결과는 다음과 같다.

앞면 – 앞면

앞면 – 뒷면

뒷면 – 앞면

뒷면 – 뒷면

즉, 경우의 수는 네 가지이다. 순서가 중요하다는 점을 주목하

자. 순서가 상관이 없다면 경우의 수는 세 가지에 그친다.

앞면 – 앞면

앞면 – 뒷면 또는 뒷면 – 앞면

(순서가 상관이 없다면 이 두 경우는 똑같다)

뒷면 – 뒷면

동전 3개를 던진다면, 가능한 경우의 수는 (순서가 중요할 때) $2^3 = 8$이다. 반면, 순서가 중요하지 않다면 경우의 수는 오직 네 가지이다(왜 네 가지인지 여러분이 생각해보길 바란다. 더 나아가 n개의 동전을 던지면 어떤 일이 일어날지도 생각해보라고 권하고 싶다. 순서가 중요할 때와 중요하지 않을 때 가능한 경우의 수를 각각 고려해보라).

이제 주사위를 굴려보자. 주사위를 굴린 결과로 가능한 경우의 수는 당연히 6이다. 주사위를 2개 굴린 결과로 가능한 경우의 수는 다음과 같다.

$$6 \times 6 = 6^2 = 36$$

자, 이제 빨간색 주사위를 먼저 던지고 그다음 초록색 주사위를 던지는 경우를 생각해보자. 초록색 주사위의 결과가 빨간색 주사위의 결과와 '다른' 경우의 수는 몇 가지일까? 정답은 $6 \times 5 = 30$이다(확실하지 않으면 직접 계산을 해보자).

주사위 3개를 굴린 결과로 가능한 경우의 수는 다음과 같다.

$$6^3 = 216$$

세 주사위가 모두 다른 결과가 나오는 경우의 수는 다음처럼 계산할 수 있다.

$$6 \times 5 \times 4 = 120$$

이 패턴을 다른 사례에도 적용할 수 있다. 복권을 사는 경우를 살펴보자. 복권 추첨은 1부터 40까지 총 6개의 수를 뽑는 방식으로 이루어진다. 순서도 중요하다고 가정하자. 그렇다면 가능한 경우의 수는 다음과 같다.

$$40 \times 39 \times 38 \times 37 \times 36 \times 35 = 2{,}763{,}633{,}600\text{가지}$$

어떤 사건이 발생할 확률은 해당 사건이 발생할 경우의 수를 모든 경우의 수로 나눈 값으로 정의된다. 따라서 동전의 앞면이 나올 확률은 1/2이다. 해당 사건이 발생할 경우의 수는 한 가지(앞면), 모든 경우의 수는 두 가지(앞면과 뒷면)이기 때문이다. 동전 2개를 던져서 앞면이 먼저 나온 다음 뒷면이 나올 확률은 1/4이다. 해당 사건이 발생할 경우의 수는 한 가지(앞면-뒷면), 모든 경우의 수는 네 가지(앞면-앞면, 앞면-뒷면, 뒷면-앞면, 뒷면-뒷면)이기 때문이다.

이제 복권의 예시로 돌아가자. 복권에 당첨될 확률은 매우 낮기 때문에 이 확률을 검토하는 것은 흥미로운 일이다. 순서가 중요할 경우를 계산해보면 2,763,633,600분의 1이라는 확률이 나온다. 당첨되기가 상당히 어렵다.

여러분이 몹시 관대해서 순서는 중요하지 않다고 결정한다면, 원래의 경우의 수를 6!으로 나누면 된다(1장에서 계승을 정의했던 것을 기억하는가?) 왜냐하면 이미 결정된 6개의 수를 다른 수로 바꾸지 않고 순서만을 재배열하는 경우의 수는 720가지(=6!)이기 때문이다. 이러한 개념을 수학에서는 '순열'이라고 부른다.

복권 추첨 결과로 가능한 경우의 수 2,763,633,600을 720으로 나누면 3,838,380을 얻는다. 즉, 40개의 수 중에서 6개를 뽑을 때 순서가 중요하지 않다면 당첨 확률이 크게 높아진다. 이제 그 확률은 3,838,380분의 1이다.

이제 카드놀이로 게임을 이어가자. 52장짜리 카드 한 벌이 있다. 5장을 나눠줄 텐데, 그때 가능한 경우의 수는 얼마나 될까? 게임에서 카드를 나눠줄 때 그 순서는 중요하지 않다고 가정하자. 중요한 것은 손에 쥔 카드 패 자체이지, 손에 쥔 순서가 아니다. 결과는 다음과 같다.

$$52 \times 51 \times 50 \times 49 \times 48 / (5!) = 2{,}598{,}960$$

우리 손에 에이스 카드 4장이 전부 있는 경우의 수는 몇 가지일까? 답은 48이다. 다른 4개의 카드는 에이스로 이미 선택되었고, 전체 52장 중에서 4장의 에이스 카드를 빼면 48장만 남기 때문이다. 그렇다면 우리가 에이스 카드 4장이 포함된 패를 쥐게 될 가능성은 48/2,598,960로, 대략 50,000분의 1이 된다. 포커를 하는 사람 입장에서 매우 낮은 확률이다.

킹 카드 4장을 가질 확률은 어떨까? 에이스 카드 4장의 경우와 확률이 달라질까? 정답은 '아니오'이다. 그 카드가 에이스든, 킹이든, 퀸이든, 다른 어떤 카드든, 그 수가 4장이라면 확률은 똑같다.

이제부터 들려줄 이야기는 더 중요하다. 두 사건이 독립적이면(즉 한 사건의 결과가 다른 사건의 결과와 무관하다면), 두 사건이 모두 발생할 확률은 두 사건의 확률을 곱하여 구한다.

예를 들어, 동전 하나를 두 번 던져서 앞면이 두 번 나올 확률은 다음과 같다.

$$(1/2) \times (1/2) = 1/4$$

37개의 수가 그려진 룰렛에서 특정한 수가 나올 확률은 다음과 같다.

$$1/37 = 0.027027027$$

빨간색이 칠해진 수(총 18개)가 나올 확률은 18/37 = 0.48648 …… 이다. 그렇다면 빨간색 수가 5회 연속으로 나올 확률은 $(0.48648\cdots\cdots)^5 = 0.02724\cdots\cdots$이다. 즉 약 2.7%의 확률이다.

이 확률은 카지노 딜러가 룰렛을 돌리기 전에 이미 계산되는 값이다. 카지노 룰렛 게임의 실제 결과가 어떻든 바뀌지 않는다는 뜻이다. 빨간색 수가 나올 확률은 18/37 = 0.48648……이고, 검은색 수(총 18개)가 나올 확률도 18/37 = 0.48648……이며, 0(나머지 1개)이 나올 확률은 1/37 = 0.02702……이다.

이제 게임에서 사람으로 넘어가자. 한 사람을 무작위로 뽑을 때 그 사람이 7월에 태어나지 않았을 확률은 11/12 = 0.9166666…… 이다(즉, 7월에 태어나지 않았을 확률은 거의 92%이다).[12]

그렇다면 무작위로 5명을 뽑는 경우 7월에 태어난 사람이 아무도 없을 확률은 다음과 같다.

$$(11/12)^5 = 0.647\cdots\cdots$$

즉, 약 64.7%의 확률이다. 우리가 고려한 달이 7월이라는 것은

12 엄격하게 말해서 이 결과가 나오려면 모든 달이 동일한 일수를 가졌다고 가정해야 한다.

중요하지 않다. 어떤 달이든 마찬가지일 것이다.

주사위 이야기로 돌아가자. 주사위 1개를 네 번 굴려서 6이 최소한 한 번 나올 확률과 주사위 2개를 스물네 번 굴려서 둘 다 6이 나올 확률 중 어느 쪽이 더 클까?

우선 주사위 1개를 굴려서 6이 나오지 '않을' 확률은 다음과 같다.

$$5/6 = 0.833\cdots\cdots$$

그런데 주사위를 네 번 굴렸기 때문에, 6이 한 번도 나오지 '않을' 확률은 다음과 같다.

$$(5/6)^4 = 0.48\cdots\cdots$$

그렇다면 주사위 1개를 네 번 굴려서 6이 최소한 한 번 이상 나올 확률은 다음과 같다.

$$1 - 0.48 = 0.52$$

다른 한편, 주사위 2개를 굴려서 둘 다 6이 나오지 '않을' 확률은 다음과 같다.

$$35/36 = 0.972\cdots\cdots$$

주사위 2개를 던지는 과정을 스물네 번 반복하면 다음의 확률을 얻게 된다.

$$(0.972)^{24} \approx 0.51$$

즉, 주사위 2개를 스물네 번 굴렸을 때 둘 다 6이 나올 확률은 다음과 같다.

$$1 - 0.51 = 0.49$$

교훈: 주사위 2개를 스물네 번 굴려서 둘 다 6이 나오는 것보다 주사위 1개를 네 번 굴려서 6이 적어도 한 번 나올 확률이 더 높다.

금지된 질문으로 진행된 설문 조사

이 예시는 한 문제를 교묘하게 회피하는 방법을 보여준다. 여러분이 민감한 주제에 대해 한 무리의 사람을 대상으로 설문 조사를 실시한다고 상상해보자. 예를 들어, 고등학교 시절 마약을 복용한 적이 있는 청년의 비율을 알고 싶다고 해보자. 많은 사람들이 '예'라고 말하기가 불편할 것이다. 그렇다면 복용한 적이 있어도 없다고 말할 테고, 그 설문 조사의 가치는 당연히 훼손될 것이다. 이 장애물을 '우회'할 수 있는 방법은 무엇일까?

자, 한 면접관이 청년들에게 고등학교 시절 마약을 복용한 적이 있는지를 물으려 한다. 그가 사용할 방법은 다음과 같다. 청년들은 '밀실'에 들어가서 동전을 던진다. 밖에서는 아무도 그를 볼 수 없다. 청년은 그저 다음의 규칙을 지키라는 요청만 받았을 뿐이다.

① 앞면이 나왔다면 '예'라고 대답해야 한다(진실이 무엇이든 간에).

② 뒷면이 나왔다면 사실대로 대답해야 한다(물론 그 청년의 말을 판정할 수 있는 유일한 증인은 청년 자신이다. 하지만 사실대로 이야기한다고 가정하자).

이 방법을 사용하면 최소 50%의 긍정적인 대답이 예상된다(적어도 절반은 동전 앞면이 나와서 '예'라고 대답했을 것이기 때문이다). 누군가가 '아니오'라고 말했다면, 그것은 진짜 대답이 '아니오'이기 때문일 것이다. 즉, 이 대답을 한 청년은 마약을 복용하지 않았다. 그럼에도 70%의 긍정적인 대답이 나왔다고 가정해보자. 그렇다면 여기에 뭔가 의미가 있지 않을까? 다시 말해, 이 데이터로 어떤 결론을 내릴 수 있지 않을까?

언제나처럼, 나는 여러분 스스로 잠깐 멈춰서 생각해보길 권한다. 그러고 나서 추론을 따라오라. 우리는 긍정적인 대답의 비율이 적어도 50%일 거라고 예상했다. 동전을 던졌을 때 앞면이 나올 확률이 50%이기 때문이다. 이러한 사실만으로도 밀실에 들어간 참가자의 최소한 절반이 '예'라고 대답했으리란 것을 알 수 있다. 하지만 앞면이 나오지도 않았는데 '예'라고 대답한 20%가 있다. 이 데이터는 어떻게 해석해야 할까?

그 20%의 학생들이 마약을 복용했다고 말한 건 '사실'일 것이다. 그렇다면 적어도 40%의 학생이 마약을 복용했다는 결과가 나온다. 왜일까? 앞으로 살펴볼 것이다.

이 설문 조사 시스템은 '예'라고 대답한 사람들을 특정하지 않음으로써 그들이 당황스러운 상황에 노출되는 것을 방지한다. 그러면서도 더욱 믿을 만한 설문 조사를 수행할 수 있다.

이제 이러한 상황을 수식으로 표현해보자. '예'라고 대답할 확률을 X라고 한다면,

$$X = P(\text{앞면}) \times P(\text{앞면, 예}) + P(\text{뒷면}) \times P(\text{뒷면, 예})$$

각 항은 다음처럼 정의한다.

P(앞면) = 동전 앞면이 나올 확률

P(앞면, 예) = 동전을 던졌을 때 앞면이 나와서 '예'라고 대답할 확률

P(뒷면) = 동전 뒷면이 나올 확률

P(뒷면, 예) = 동전을 던졌을 때 뒷면이 나와서

'예'라고 대답할 확률

각 항의 값을 자세히 살펴보면,

P(앞면) = P(뒷면) = 1/2

P(앞면, 예) = 1

P(뒷면, 예) = 실험 참가자가 마약을 투여했을 확률로, 바로 이것이 우리가 계산하고 싶은 값이다. 이 확률을 P라고 부르자.

$$X = 1/2 \times 1 + 1/2 \times P$$

$$\text{따라서 } P = 2 \times (X - 1/2) \quad (^*)$$

예를 들어, '예'라고 대답한 사람의 비율이 70%(즉, 전체 응답의 7/10)라면, 공식 (*)에서 X에 7/10을 대입하면 된다.

$$P = 2 \times (7/10 - 1/2) = 2 \times (1/5) = 2/5$$

이 결과는 학생 인구의 '40%'가 고등학교 시절 마약을 복용했던 적이 있음을 뜻한다.

연못 안 물고기 수는 어떻게 추정할까?

우리 교육 시스템의 가장 큰 결함 중 하나는 수학을 공부할 때 '추정'하는 법을 배우지 않다는 것이다. 그렇다, 추정하는 법 말이다. 추정은 기본적으로 사고방식을 발전시키는 데 도움이 된다. 도시에는 얼마나 많은 사과가 있을까? 나무 한 그루에는 나뭇잎이 얼마나 많을까? 사람은 평균 며칠을 살까? 건물을 짓는 데 얼마나 많은 벽돌이 필요할까?

이 절에서는 연못에 있는 물고기의 수를 추정하는 법을 배워볼 것이다. 여러분이 연못 주변에 있다고 상상해보자. 그 속에 물고기가 얼마나 많이 있는지 추정하려 한다. 어떻게 해야 할까?

물론 추정하는 것이 수를 세는 것을 의미하지는 않는다. 수를 세지 않고 '생각'해보는 방법이다. 예를 들어 여러분은 연못에 물고기가 1,000마리 혹은 10억 마리가 있다고 추측해볼 수 있다. 이런 생각을 어떻게 검증해볼 수 있을까?

어부에게 부탁해서 그물을 하나 빌렸다고 해보자. 그리고 1,000마리를 낚을 때까지 물고기를 잡는다. 1,000마리를 낚는 과정에서 절대로 물고기가 죽지 않아야 한다. 물고기를 잡은 뒤에 산 채로 다시 연못으로 돌려보내야 하기 때문이다. 일단 물고기를 전부 잡았다면, 물속에서도 지워지지 않는 펜으로 물고기에 표시를 한다. 좀 더 구체적으로 생각해보기 위해 물고기를 노란색으로 칠했다고 가정해보자.

물고기를 연못으로 돌려보내고 적당한 시간 동안 기다린다. 여기서 '적당한'이란 연못에 살고 있는 물고기들과 다시 섞일 시간을 준다는 것을 의미한다. 모두 고루 섞였다면 다시 한번 물고기 1,000마리를 낚는다. 지금 낚은 물고기 중 일부는 색깔이 칠해져 있을 것이고, 또 다른 일부는 그렇지 않을 것이다. 계산을 쉽게 하기 위해, 방금 우리가 잡은 1,000마리 중 단 '10마리'만이 노란색으로 칠해져 있다고 가정해보자.

이것은 1,000마리 중 10마리가 연못에 있는 색칠된 물고기의 비율이라는 사실을 의미한다. 이제 우리는 물고기가 연못에 몇 마리 있는지는 모르지만 '색칠된 물고기가 몇 마리 있는지'는 알고 있다. 바로 1,000마리이다. 그런데 연못에서 1,000마리를 낚았을 때 색칠된 물고기가 10마리(즉, 100마리당 1마리) 있기 때문에, 색칠된 물고기가 전체 물고기의 1%(1/100)를 차지한다고 추정해볼 수 있다. 그렇다면 연못에서 사는 전체 물고기 중 1%는 1,000마리일 것이다. 결국 연못에는 10만 마리의 물고기가 있다고 추정할 수 있다.

이 방법은 물론 완전히 정확하지는 않다. 하지만 추정치를 제공한다. 연못의 물고기 수를 세는 것이 불가능함을 고려해보면, 이렇게라도 추정하는 편이 훨씬 낫다.

비둘기집 혹은 피전홀 문제

수학자들이 하는 일 중 하나는 '패턴'을 찾는 것이다. 다시 말해, '반복'되는 양상을 포착한다. 여러 사물의 공통점을 찾는 것과 비슷하다. 따라서 수학자들은 특정한 선례를 통해 결과를 추론할 수 있는 '정리'를 만들어내곤 한다. 이렇게 추상적으로만 이야기하는 대신에 몇 가지 예시를 보여주겠다.

영화관에 있는 사람들 중 적어도 2명이 같은 날에 생일이라는 것을 확신하려면 영화관에 과연 몇 명이나 있어야 할까?(물론 답을 먼저 읽지 말고 스스로 생각해보길 권한다.)

답을 알아보기에 앞서, 여러분과 함께 잠시 생각할 것이 있다. 예를 들어, 영화관에 단 두 사람만 있다면 생일이 똑같다고 확신할 수 없다. 가장 가능성이 있는 대답은 '생일이 다르다'일 것이다. 하지만 가능성이 있건 없건 상관없이, 우리는 100% 확신하는 경우를 찾고 있다.

세 사람이 있어도 똑같다. 심지어 10명이 있어도, 50명이 있어도 마찬가지이다. 안 그런가? 더 나아가 100명이든 200명이든, 심지어 300명이든 마찬가지이다. 왜일까? 영화관에 300명이 있을 때 같은 날에 생일을 축하하는 사람이 2명일 '가능성'은 있지만 여전히 100% 확신하는 것은 불가능하기 때문이다. 모든 사람이 각기 다른 날에 태어났을 수도 있으니 말이다.

우리는 흥미로운 지점에 계속 접근하고 있다. 여러분은 내가 지금 어떤 생각을 하는지 짐작할 것이다. 방 안에 365명이 있다고 해도, 여전히 우리는 두 사람의 생일이 같은지 확신할 수 없다. 모든 사람이 1년 동안 각기 다른 날에 태어났을 수 있기 때문이다. 윤년을 고려한다고 해도, 영화관에 딱 366명이 있다면 각기 다른 날에 태어났을 수 있다.

자, 하지만 한 가지 확신할 수 있는 주장이 있다. 만약 영화관에 367명의 사람들이 있다면 빠져나갈 방도는 없다. 적어도 두 사람은 같은 날에 촛불을 불어야 한다. 물론, 이 사람들이 누구인지는 알지 못한다. 같은 날이 생일인 사람이 둘뿐인지, 그 이상인지도 알지 못한다. 더 많이 있을 수도, 훨씬 더 많을 수도 있지만 그건 중요하지 않다. 367명만 있으면 확신할 수 있다는 것이 중요하다.

이제, 우리가 방금 살펴본 아이디어를 염두에 두고 또 다른 문제를 들여다보자. 부에노스아이레스에 같은 개수의 머리카락을 가진 사람이 적어도 두 명은 있다는 사실을 증명하려면 어떻게 해야 할까? 물론 '민머리' 사람들에게 사정사정해서 답변을 얻어낼 수 있을 것이다. 확실히 부에노스아이레스에는 머리카락이 없는 사람이 적어도 둘 있을 텐데, 그 둘은 머리카락 개수가 0개로 똑같다! 동의한다. 그러나 이 경우는 제외하자. 머리카락이 0개인 경우를 근거로 주장하진 말기로 하자.

답을 살펴보기에 앞서 요청할 것이 있다. 생일 문제를 논의한 직후에 머리카락 문제를 이야기하고 있는데, 두 문제가 서로 어떻게 관련되어 있는지 생각해보면 좋겠다.

이제 질문을 하나 하겠다. 여러분은 사람이 얼마나 많은 머리카락을 가질 수 있는지 알고 있는가? 이런 걸 질문해본 적이 있는가? 살아가는 데 꼭 필요한 물음은 아니다. 하지만…… 그래도 생각해보자. 사람의 머리카락 굵기와 두피 표면을 고려한다면, 20만 가닥이 넘는 머리카락을 가진 사람은 아무도 없다는 결론에 이른다. 킹콩이나 그 유사한 동물이라면 가질 수 있을지도 모른다. 하지만 20만 가닥이 넘는 머리카락을 가진 사람을 상상하는 것은 불가능하다. 이제 사람이 가질 수 있는 머리카락은 20만 가닥이 한계임을 알았다. 그렇다 해도 이것이 대체 무슨 소용이 있는가? 이것으로 무엇을 알 수 있는가?

부에노스아이레스에는 얼마나 많은 사람이 살고 있을까? 2000년 인구조사에 따르면, 총 2,965,403명이 부에노스아이레스에 거주하고 있다. 하지만 이 문제를 풀기 위해서 그만큼 정확한 데이터는 필요하지 않다. 인구가 296만 명 정도임을 아는 것만으로 충분하다. 어째서 머리카락 문제가 생일 문제와 비슷하다고 보는 걸까? 모든 부에노스아이레스 시민은 각기 다른 개수의 머리카락을 가질 수 있을까?

답은 명쾌하다. 우리가 가진 두 종류의 데이터(사람이 가질 수 있는 머리카락 수의 최대치와 도시 거주민의 수에 대한 데이터)를 종합하면, 사람들의 머리카락 수는 필연적으로 중복되어야 한다는 결론이 나온다. 한 번이 아니라 아주아주 여러 번 중복된다.

교훈: 우리는 똑같은 아이디어를 사용하여 두 가지 문제를 해결

했다. 생일 문제와 머리카락 문제에는 공통점이 있다. 마치 '구멍과 공'의 문제와 비슷하다. 우리가 구멍 366개와 공 367개를 가지고 있고 그것들을 임의로 짝지어 분배한다면, 불가피하게도 공이 2개 들어간 구멍이 적어도 하나는 있어야 한다. 구멍이 20만 개, 공이 300만 개 있다고 해도 비슷한 결론이 나온다. 어떤 구멍에는 분명히 2개 이상의 공이 들어갈 것이다.

이것은 '피전홀(비둘기 구멍) 원리' 혹은 '비둘기집 원리'로 알려져 있다. 만약 비둘기집이 n개, 비둘기가 m마리 있다면, m이 n보다 더 클 경우 어떤 둥지에는 최소한 2마리의 비둘기가 있어야 한다는 것이다.

보스턴의 피아노 조율사

헤라르도 가불스키는 나에게 늘 흥미로운 자료를 보내줘 도움을 주었다. 내가 진행한 텔레비전 프로그램에 이야기를 기고해주었을 뿐만 아니라, 나의 전반적인 삶이나 특히 내가 진행하는 대학 수업에 도움이 될 만한 자료를 보내주었다.

헤라르도와 그의 아내 마르셀라는 보스턴에서 몇 년 동안 살았다. 헤라르도가 부에노스아이레스 대학교에서 물리학 학사학위를 받은 직후 아르헨티나를 떠났던 것이다. 나중에 그는 매사추세츠 공과대학에서 물리학 박사학위를 받았다.

학위를 받은 헤라르도는 학업은 그만두고 자신의 역량을 펼칠 수 있는 민간 기업에서 일자리를 찾기로 했다. 그래서 구직을 하다가, 면접과 시험으로 능력 있는 사람을 뽑는 한 기관을 우연히 발견하게 되었다. 회사 임원과의 일대일 면접에서 한 임원은 헤라르도에게 '상식적인' 추정 질문을 몇 가지 하겠다고 말했다. 어리둥절해진 헤라르도는 그것이 무슨 말인지 잘 이해하지 못했지만 일단 들을 준비를 했다.

"보스턴에 피아노 조율사가 몇 명이나 있다고 생각하세요?"(면접은 미국 보스턴에서 진행되었다.)

이건 정확하게 대답할 수 있는 문제가 아니었다. 아마 도시에 있는 피아노 조율사의 정확한 수는 아무도 알지 못할 것이다. 하지만 '추정'해볼 수는 있다. 회사는 헤라르도가 23명이나 450,000명이라고 말하기를 바란 것은 아니었다. 그의 추론 능력을 엿보고 싶어 했다. 만일 피아노 조율사가 보스턴에 대략 1,000명이 있었다고 가정해보자. 그렇다면 회사는 헤라르도가 23명이나 450,000명이라는 대답을 하길 바라지 않았을 것이다. 실제 어림수와는 거리가 멀어도 너무 멀 것이기 때문이다.

마찬가지로 부에노스아이레스의 일간 최고 기온이 몇 도인가 하는 질문을 받는다면, 어느 누구도 영상 450도 혹은 영하 150도라고 대답하지 않을 것이다. '추정'을 염두에 둔 질문이기 때문이다.

나는 보스턴의 피아노 조율사와 관련된 자료를 찾아서 나만의 추정을 해볼 수 있었다. 이제 여러분이 나의 추측을 따라와보길 바란다. 내가 이 글을 쓰고 있는 시점(2005년 5월)에 보스턴에는 대략 589,000명이 거주하고 있고 약 250,000채의 집이 있다. 계산의 편의를 위해 다음과 같이 가정하자.

사람: 600,000명

집: 250,000채

여기서 다시 추측해야 한다. 몇 채의 집마다 피아노가 1대씩 있을까? 100채? 1,000채? 10,000채?

나는 100채의 집을 선택할 것이다. 그게 가장 그럴듯하고 생각했기 때문이다. 따라서 총 250,000채의 집이 있고, 100채당 1대의 피아노가 있다. 이것은 내가 보스턴에 2,500대의 피아노가 있다고 가정한다는 것을 의미한다.

좋다, 하지만 여전히 새로운 추측이 필요하다. 피아노 조율사는 1명당 몇 대의 피아노를 맡아야 할까? 100대? 1,000대? 10,000대? 다시 한번 나는 나만의 추정을 해보았다. 난 100대를 선택했다. 이제 피아노가 2,500대 있고, 각 피아노 조율사가 (물론 평균적으로) 100대의 피아노를 살핀다면, 대략 25명의 피아노 조율사가 있다는 결론에 이른다.[13]

---

13 나의 추정에 여러분이 모두 동의할 필요는 없다. 이것은 그저 추측일 뿐이다. 여러분이 여러분만의 추정을 해보고 여러분만의 결론을 내려보길 바란다. 아, 당시 헤라르도를 채용하고 계약서에 서명을 한 회사는 '보스턴 컨설팅 그룹'이었다.

같은 맥락의 또 다른 일화도 있다. 사전 선발 과정을 통과한 모든 예비 후보자는 뱁슨 대학 연수에 초청되었다. 각 지원자는 준비 강의와 세미나에 참석하면서 3주를 보내야 했다. 그들은 연수에 참여하기 몇 주 전에 여러 권의 책이 들어 있는 상자를 받았다.

집에서 상자를 받고 내용물을 확인한 헤라르도는 새로운 추정을 해야 했다. 뱁슨 대학에 가기 전에 모든 책을 다 읽는 것이 목표라면 그것은 불가능하다는 사실을 깨달았다. 기초적인 계산을 해서 추정해보니, 다른 일은 하나도 하지 않고 밤낮으로 책만 붙들고 있어도 전부 다 읽진 못한다는 결론이 나왔다. 그래서 '취사선택'으로 읽는 방법을 선택했다. 그는 읽을 것과 안 읽을 것을 선택했다. 어떻게든 중요한 것과 부수적인 것을 분리하려 노력했다.

헤라르도는 나중에 회사가 책 상자를 보낸 이유가 무엇인지 알게 되었다. 회사는 다음과 같은 메시지를 전달하고 싶었다. "사람이 어떤 일을 100% 해내는 건 불가능하다. 가장 중요한 20%를 선택해서 처리하고 덜 중요한 80%에 매달리지 않는 것이 중요하다."

어쨌든 이것은 또 하나의 교훈이었다.

지구촌

오늘날 존재하는 지구상 모든 인간의 비율을 유지하면서 지구의 인구를 정확히 100명이 사는 마을로 축소할 수 있다면, 결과는 다음과 같을 것이다.

- 아시아인 57명, 유럽인 21명, 미국인 14명, 그리고 아프리카인 8명이 있다.
- 70명은 백인이 아니다(30명은 백인이다).
- 70명은 비기독교인이다(30명은 기독교인이다).
- 지구 전체 부의 50%가 6명의 손에 맡겨진다. 그 6명 모두 미국 시민권자이다.
- 70명은 문맹이다.
- 50명은 영양실조로 고통받는다.
- 80명은 임시로 건축된 주택에 거주한다.
- 단 한 명만이 대학 수준의 교육을 받는다.

인류가 최고 수준의 발전을 이루었다고 흔히들 말하곤 한다. 시간이 꽤 지난 데이터에 의존한 추정이지만 여전히 놀라운 결과이다.

자동차 번호판

아르헨티나에서는 몇 년 전까지만 해도 문자 하나와 숫자 여닐곱 개를 조합하는 자동차 번호판을 사용했다. 문자는 지역을, 숫자는 자동차 자체를 의미했다. 예를 들어, 코르도바에 속한 자동차는

다음과 같은 번호판을 부여받았다.

X357892

그리고 산후안의 자동차 번호판은 다음과 같았다.

J243781

부에노스아이레스와 연방 수도 사람들이 문제점을 제기하기 시작했다. 당시에는 전체 차량이 100만 대를 넘었기 때문에, 부에노스아이레스의 경우 B, 연방 수도의 경우 C를 쓰는 것과 별도로 7자리의 숫자로 구성된 번호가 사용되었다. 예를 들어, 이런 번호판을 단 자동차를 거리에서 볼 수 있었다.

$B_1793852$

$C_1007253$

번호판에 가용 공간이 없었기 때문에 문자 뒤에 크기를 작게 줄여서 숫자를 써야 했다.

국내의 전체 차량 등록 시스템을 변경해서 문자 3개, 숫자 3개를 사용하는 방법이 제안되었다. 예를 들어 가능한 자동차 번호판은 다음과 같다.

NDC 378

XEE 599

제일 앞 알파벳 문자(N, X)는 지역을 식별하는 용도로 유지하고, (숫자 하나보다는 문자 하나로 표현할 수 있는 자동차의 수가 더 많으므로) 알파벳 문자 2개로 더 많은 번호판을 만들어보자는 취지였다. 이러한 시스템을 도입하기로 결정한 당국이 어떤 곤란함을 겪었는지 보여주기에 앞서, 이 시스템으로 얼마나 많은 번호판을 만들 수 있을지 함께 생각해보자.

번호판에 있는 정보를 생각해보자. 3개의 문자와 3개의 숫자가 들어 있다. 그러나 첫 번째 문자는 각 지역을 의미하기 때문에, 자동차를 표시하기 위해서는 사실상 2개의 문자와 3개의 숫자를 쓸 수 있다.

영어 알파벳은 26개이다. 문자 2개로 만들 수 있는 쌍은 총 몇 가지가 있을까? 답을 바로 살펴보지 말고 잠깐 생각해보라.

도움말: 문자 쌍은 AA, AB, AC, AD, AE, AF, ……, AX, AY, AZ로 시작한다(즉, A로 시작하는 문자 쌍이 26개 있다). 그런 다음 BA, BB, BC, BD, BE, ……, BX, BY, BZ로 이어진다(B로 시작하는 쌍도 26개이다). C로 시작하는 문자 쌍도 26개일 것이다. 문자 쌍은 이렇게 계속 이어진다. 그렇다면 시작하는 각 문자마다 쌍을 만들 수 있는 경우의 수는 각각 26가지이다. 모두 더하면 총 $26 \times 26 = 676$개의 문자 쌍이 있다.

지금까지 문자로 만들 수 있는 조합을 모두 살펴보았다. 첫 번째 문자로는 지역을 식별하고, 그다음 두 문자로는 676가지 경우의 수를 만들 수 있다.

이제 우리는 숫자 3개로 몇 가지 경우의 수를 만들 수 있는지 살펴보는 일만 남았다. 이건 더 쉽다. 숫자 3개로 몇 가지 조합을 만들 수 있을까? 다음의 예시로 시작해보자.

000

그다음 001, 002, 003으로 이어가는데, 이 수열은 997, 998, 999에 도달할 때까지 계속 이어진다. 그렇다면 000을 포함하여 총 1,000가지이다. 이제 우리가 필요한 재료가 모두 준비되었다.

문자로는 676가지 조합을, 숫자로는 1,000가지 조합을 만들 수 있다. 그렇다면 총 676,000(676×1,000)가지의 조합을 만들 수 있는 것이다. 이 조합으로 만든 번호판은 아르헨티나의 일부 지역에서만 사용한다면 충분할 것이다. 하지만 인구가 가장 많은 지역에서는 충분하지 않을 것이다.

그렇다면 아르헨티나 당국은 자동차 번호판을 '현대화'하고 전체 차량 데이터베이스를 '업데이트'하기 위한 캠페인을 벌인 뒤에 무슨 해결책을 찾았을까? 그들은 첫 번째 문자까지 (지역에 얽매이지 않게) '자유롭게' 풀어주었다. 첫 번째 문자의 제한이 풀린다면(지역과 관련되지 않는다면), 나머지 다섯 글자(문자 2개, 숫자

3개)로 이루어진 676,000가지의 조합마다 추가적인 경우의 수가 26개씩 더 생긴다. 그러면 총 경우의 수는 다음과 같다.

$$26 \times 676{,}000 = 17{,}576{,}000$$

사용 가능한 번호판이 1700만 개가 넘으니 더 이상 분쟁은 없다. 물론 자동차가 각각 어느 지역에 속하는지는 알 수 없다.

전 세계에 얼마나 많은 혈액이 있을까?

우리를 둘러싸고 있는 수를 이해하기 위한 일환으로, 전 세계에 존재하는 혈액의 양을 어떻게 추정할 수 있는지 살펴보려 한다.

다음의 계산을 해보자. 성인 몸에는 얼마나 많은 혈액이 순환하고 있을까? 그 양은 상황에 따라 다를 것이다. 하지만 우리가 최대치를 추정하고자 한다면, 성인 몸에 도는 혈액의 양의 상한선을 5L라고 가정해보자(이것이 과한 가정이라는 것은 알고 있다. 평균적으로 5L보다는 4L에 훨씬 가깝기 때문이다. 하지만 우리는 추정치를 논의하고 있으므로 중요하지 않다). 어린이도 훨씬 적은 양의 혈액을 가지고 있지만, 모든 사람이 5L를 가지고 있다고 가정해보자.

우리는 전 세계 인구가 60억이 조금 넘는다고 알고 있다(현재는

80억 명으로 추정된다. 독자들은 인구가 80억 명이라고 가정하고 다음 계산을 다시 해보는 것도 좋겠다— 옮긴이). 그렇다면 1인당 5L씩 총 60억 명이 있으니, 전 세계에는 (대략) 총 300억 L의 혈액이 있는 셈이다.

즉, 우리는 지구의 인구가 다음과 같다고 가정했다.

$$6{,}000{,}000{,}000 = 6 \times 10^9 \text{ (명)}$$

여기에 5를 곱하면, 다음의 값이 나온다.

$$30{,}000{,}000{,}000 = 30 \times 10^9 \text{ (L)}$$

다른 한편, L를 m^3로 바꿔보면 다음과 같다.

$$10^3 L = 1{,}000 L = 1 m^3 \qquad (※)$$

혈액이 총 몇 m^3 있는지 알아내려면, (※)의 변환 식을 사용해서 300억 L의 단위를 바꿔야 한다.

$(30 \times 10^9 L) / (10^3 L) = x m^3$ (여기서 x는 미지수를 나타낸다.)

결과는 다음과 같다.

$$x = 30 \times 10^6 = 30{,}000{,}000\text{m}^3$$

총 3000만 m^3의 혈액이 있는 것이다.

이것의 의미를 더 잘 파악하고 싶다면, 혈액을 전부 양동이에 담는다고 상상해보자. 양동이는 얼마나 커야 할까? 이 답을 구하려면 x의 세제곱근을 구하면 된다.

$$\sqrt[3]{x} = \{(\sqrt[3]{30}) \times 10^2\} \approx (3.1) \times 10^2 = 310$$

(30의 세제곱근은 대략 3.1이다.)

한 변이 310m인 정육면체를 만든다면 전 세계의 혈액을 모두 채워넣을 수 있을 것이다.

이 수가 얼마나 큰지 실감하려면 아르헨티나 남서쪽에 있는 나우엘우아피 호수를 생각해보자. 이 호수의 면적은 약 500km^2이다. 이제 질문은 다음과 같다. 우리가 전 세계 모든 혈액을 호수에 붓는다면, 호수의 물 높이는 얼마나 높이 올라갈까?

추정을 위해 호수가 마치 신발 상자(직육면체)처럼 생겼다고 가정해보자. 신발 상자의 용량은 어떻게 계산되는가? 바닥의 면적에 상자의 높이를 곱한다. 우리는 바닥이 500km^2라고 가정했다. 이 호수에 3000만 m^3의 혈액을 추가하면 높이가 얼마나 증가하는지 살펴보도록 하자(높이는 h라고 표시하자).

식을 쓰면 다음과 같다.

$$(500\text{km}^2) \times h = 30 \times 10^6\text{m}^3$$

$$(500 \times 10^6\text{m}^2) \times h = 30 \times 10^6\text{m}^3 \qquad (※※)$$

($1\text{km}^2 = 10^6\text{m}^2$라는 단위 변환 식을 사용했다.)

방정식 (※※)에서 h를 계산하면 다음과 같다.

$$h = (30 \times 10^6\text{m}^3)/(500 \times 10^6\text{m}^2) = (3/50)\text{m} = 0.06\text{m} = 6\text{cm}$$

이 계산에 따르면, 나우엘우아피 호수에 세상의 모든 혈액을 쏟아부으면 호수의 높이가 6cm 증가한다. 단 6cm 말이다!

동전 던지기

논쟁이 벌어지고 두 가지 가능성 사이에서 결정을 내려야 할 때마다 동전 던지기를 하곤 한다. 동전을 던질 때마다 뭐가 나올지도 모르면서 내기를 항상 수락한다. 즉, 앞면과 뒷면이 나오는 확률은 같다고 가정하는 것이다. 이 확률은 1/2, 반반이다.

여기까지 새로운 것은 없다. 이제 두 가지 가능성 중 하나를 결정해야 한다고 가정해보자. 동전이 하나 있는데, 이전과는 다른 동전을 사용한다고 하자. 앞면이 나올 확률이 P이고 뒷면이 나올 확률이 Q일 때, P와 Q가 동일하지 않을 수도 있는 동전이다. 다음의 가정을 살펴보자.

① $P+Q=1$

② $P\neq 0$ 그리고 $Q\neq 0$

①은 P와 Q가 일반 동전의 경우처럼 1/2일 필요는 없지만, 확률의 합은 1이라는 뜻이다. 즉, 동전을 던진 결과는 앞면 혹은 뒷면이다. ②는 동전이 항상 앞면이 나오거나 뒷면이 나오는 방식으로 던져지진 않는다는 뜻이다.

이러한 동전을 가지고 있다면 공정한 내기를 하기 위해(확률이 정확히 똑같은 두 가지 경우로 따지기 위해) 무엇을 해야 할까? 답은 '해법'에 있다.

4장

수수께끼 같은 문제

수평적 사고

수평적 사고란 무엇인가? 퍼즐 책 저자 폴 슬론은 다음과 같은 설명을 내놓았다.

"답을 찾을 수 있는 충분한 정보가 포함되지 않은 문제가 제시되었다고 해보자. 앞으로 나아가기 위해서는 문제를 제기하는 사람과 그것을 해결하려는 사람 사이의 대화가 필요하다. 그 과정에서 중요한 것은 질문이다. 대답은 '예' '아니오' '상관없음'이라는 세 가지만 가능하다. 한 질문을 다 마치면, 완전히 다른 방향, 다른 지점에서 다시 질문을 해나가야 한다. 여기가 바로 수평적 사고가 처음 등장하는 지점이다."

"누군가에게는 이런 방식으로 수수께끼를 푸는 과정이 답답할 것이다. 하지만 전문가들은 수평적 사고 문제는 가장 합리적이고 적합하며 만족스러운 답을 찾는 좋은 문제라고 말한다. 더군다나 마침내 그 해답에 접근했을 때, '내가 왜 그 생각을 하지 못했지?' 라고 스스로에게 되묻게 된다."

이런 유형의 가장 잘 알려진 문제는 다음과 같다. 모든 문제의 답은 책 말미의 '해법'에 있다.

① 엘리베이터를 탄 사람: 한 사람이 건물 10층에 산다. 그는 매일 출근하기 위해 엘리베이터를 타고 1층까지 내려온다. 하지만 퇴근할 때는 엘리베이터를 타고 7층까지 올라간 후 10층에 있는 집까지 계단으로 이동한다. 인간은 걷는 것을 싫어하는데, 왜 그런 짓을 하는 걸까?

② 술집에 있는 사람: 한 사람이 술집에 들어가 바텐더에게 물 한 잔을 달라고 한다. 바텐더는 뭔가를 찾으며 무릎을 꿇더니 총을 꺼내서 방금 물을 달라고 얘기한 사람에게 총을 겨눈다. 그 사람은 "고맙다"라고 말하고 자리를 떠난다.

③ 자기 목을 조른 사람: 텅 빈 마구간 한가운데 목을 매고 숨진 한 사람이 발견되었다. 목에 두른 밧줄은 천장에 묶여 있었다. 3m 길이의 밧줄이었다. 그의 발은 바닥에서 1m 위에 있었다. 가장 가까운 벽은 죽은 사람으로부터 7m 떨어져 있었다. 벽을 기어오르거

나 지붕에 오르는 것이 불가능하다면, 이 사람은 어떻게 목을 맬 수 있었을까?

④ 허허벌판에서 죽은 사람: 들판에 한 사람이 숨진 채 누워 있다. 그 옆에는 개봉되지 않은 꾸러미가 있다. 근처에 살아 있는 생명체는 전혀 없다. 이 사람은 어떻게 죽었을까?

⑤ 우편으로 도착한 팔: 한 사람이 우편으로 소포를 받았다. 조심스럽게 열어보니 안에 사람의 팔이 있었다. 그는 그것을 살펴본 후 다시 포장하여 다른 사람에게 보냈다. 소포를 전달받은 두 번째 사람은 팔이 들어 있는 꾸러미를 아주 조심스럽게 살펴본 후 숲으로 가서 그것을 묻었다. 그들은 왜 이런 일을 했을까?

⑥ 레스토랑에서 뛰쳐나와 총을 쏜 사람: 두 친구가 식사를 하려고 레스토랑에 들어갔다. 두 사람은 난파선에서 가까스로 살아남았다. 그들 중 한 사람의 아들도 동행하는 중이었다. 그들은 구조될 때까지 무인도에서 한 달 이상을 함께 보냈다. 두 사람은 레스토랑에서 같은 요리를 주문했다. 웨이터가 음식을 가져오자 그들이 먹기 시작했다. 그런데 둘 중 한 명이 음식을 맛보자마자 레스토랑에서 뛰쳐나와 스스로에게 총을 쏘았다. 왜일까?

⑦ 소식을 전달받은 남자: 한 남자가 건물 계단을 내려가는 중인데, 아내가 지금 막 죽었다는 것을 갑자기 알게 되었다. 어떻게 알았을까?

⑧ 음악이 멈추자 죽은 여자: 음악이 멈췄다. 한 여자가 죽었다. 설명해볼 수 있겠는가?

⑨ 자매를 죽인 여자: 어머니 장례식에서 두 자매 중 한 명이 단 한 번도 본 적 없는 남자와 깊은 사랑에 빠졌다. 남자는 유족에게 조의를 표하고 있었다. 이제 가족의 일원으로 남은 것은 이 두 자매뿐이었다. 장례식이 끝나고 이제 두 사람의 집에서 한 자매가 다른 자매에게 자신이 예전에 한 번도 본 적 없고 누군지도 모르는 남자와 무슨 일이 있었는지 이야기했다. 그리고 그 자매를 죽였다. 어떻게 된 일일까?

3개의 스위치 문제

수평적 사고가 요구되는 모든 문제 중에서 내가 가장 좋아하는 것은 바로 이 문제이다.

천장에 매달린 전구를 제외하고 아무것도 없는 빈방이 있다. 조명을 작동시키는 스위치는 방 바깥쪽에 있다. 게다가 똑같이 생긴 스위치가 3개나 있다. 3개 중에서 단 하나만이 전깃불을 켜는 '열쇠'이다.

문제는 다음과 같이 구성된다. 일단 방문은 닫혀 있다. 문밖에서 스위치를 모두 껐다 켰다 마음대로 조작해볼 수 있는 시간이 주어진다. 얼마든지 스위치를 조합해볼 수 있지만, 방 안으로는 단 한 번만 들어갈 수 있다. 안으로 들어갔다가 밖으로 나오면 "바로 이 스위치가 불을 켜는 열쇠입니다!"라고 말해야 한다. 스위치는 모두 똑같이 생겼고 처음에는 똑같이 꺼져 있다.

이 문제는 '함정'이 없다. 문 아래를 통해 안이 들여다보이지도 않고, 창문이 있어서 안을 볼 수 있는 것도 아니다. 꼼수 없이도 풀 수 있는 문제이다. 여러분이 생각해볼 차례이다. 답은 '해법'에 있다.

테니스 토너먼트 참가자 128명

테니스 토너먼트에 128명의 참가자가 등록했다. 잘 알려진 것처럼, 간단한 '지우기' 방식으로 경기를 진행한다. 다시 말해, 경기에서 지는 선수는 탈락한다.

문제는 다음과 같다. 챔피언을 정하기 위해선 총 몇 경기를 진행해야 할까? 답은 '해법'에 있다.

술집에 들어간 세 사람이 30달러로 25달러를 지불하려면?

세 사람이 술집에 들어간다. 세 사람 모두 주문을 하고 음식을 먹을 준비를 한다. 식사가 끝난 후 값을 지불할 때 웨이터는 정확히 25달러가 청구된 계산서를 가져온다. 세 친구는 음식 값을 함께 나누어 계산하기로 한다. 각자 주머니에서 10달러짜리 지폐를 꺼낸다. 한 명이 돈을 모아 웨이터에게 30달러를 건넨다.

웨이터는 잠시 후 거스름돈을 가지고 돌아온다. 1달러짜리 지폐 다섯 장이다. 그들은 웨이터에게 팁으로 2달러를 주고 나머지 3달러를 나눠 갖기로 한다.

문제는 다음과 같다. 이제 세 사람에게는 1달러가 있을 것이다. 그렇다면 각자 9달러를 지불한 것이다. 모두 세 명이니 각자 9달러씩, 총 27달러를 지불한 셈이다. 그 값에 웨이터가 가져간 팁 2달러를 더해보자. 그럼 총 29달러가 된다!

부족한 1달러는 어디로 갔을까? 답은 '해법'에 있다.

공통 조상

아담과 이브의 이야기를 믿는 여러분에게 흥미로운 질문을 하겠다. 하지만 믿지 않는 사람들에게는 이 질문이 꺼림칙할 수도 있겠다.

우리는 모두 부모의 결합으로 태어났다. 동시에 우리 부모도 각자 부모가 있다(과학이 개인을 복제할 정도로 발전하지 않는 한, 지금까지는 출산을 위해 남자와 여자가 반드시 필요하다. 미래에는 어떻게 될지 모르겠지만, 오늘날까지는 그러하다). 다시 말해, 우리에게는 총 4명의 조부모가 있다. 그리고 8명의 증조부모, 16명의 고조부모가 있을 것이다. 여기서 잠시 멈추겠다.

이미 짐작하고 있겠지만, 세대를 건너뛸 때마다 우리의 탄생을 위해 개입해야 했던 조상의 수가 2배씩 늘어난다. 즉, 다음과 같다.

① $1 = 2^0$ = 여러분

② $2 = 2^1$ = 부모(어머니와 아버지)

③ $4 = 2^2$ = 조부모(어머니쪽과 아버지쪽)

④ $8 = 2^3$ = 증조부모

⑤ $16 = 2^4$ = 고조부모

⑥ $32 = 2^5$

⑦ $64 = 2^6$

⑧ $128 = 2^7$

⑨ $256 = 2^8$

⑩ $512 = 2^9$

⑪ $1{,}024 = 2^{10}$

각 세대가 출산을 하기 위해선 (평균적으로) 25년이 걸린다고 가정해보자. 예를 들어 열 세대 전까지 따져보면 우리가 있기 위해 250년이 걸린 셈이다. 이것은 250년 전 우리들이 제각기 조상을 1,000명(정확한 수는 1,024명) 이상 가졌다는 것을 의미한다.

현재 전 세계 인구는 대략 60억 명이다(2022년 11월을 기준으로 80억 명을 돌파했다—옮긴이). 250년 전 우리 각자의 조상이 1,000명이 넘었다면, 당시 지구의 인구는 무려 6조 명이 넘었을 것이다!

그런데 이것은 불가능한 결과이다. 문헌을 검토해보면 1750년경 전 세계 인구는 6억 명에서 9억 명 사이였기 때문이다. 즉, 우리는 어디에선가 오류를 범했다. 우리가 잘못 생각하고 있는 것은 무엇일까? 문제에 대해 충분히 생각해보고, '해법'에 제시된 답을 찾아보길 바란다.

몬티 홀 문제[14]

한 텔레비전 프로그램에서 진행자는 참가자들에게 최고의 상품, 즉 신형 자동차를 제시하며 서로 경쟁하도록 이끈다. 단상에는 3개의 닫힌 문이 있다. 2개의 문 뒤에는 염소 사진이, 나머지 문 뒤에는 자동차 복제품이 있다. 참가자는 셋 중 하나를 선택해야 한다. 자동차가 있는 문을 맞히면 자동차를 갖게 된다.

여기까지는 별로 새로울 것이 없다. 텔레비전에서 많이 볼 수 있는 전통적인 코너이기 때문이다. 하지만 이 문제는 여기서 끝나지 않는다. 참가자가 문 하나를 '선택'하면, 상품이 어느 문 뒤에 있는지 '알고 있는' 진행자는 참가자에게 정보를 제공한다. 자동차가 없는(염소가 있는) 문 하나를 열어주는 것이다.

---

14 이 문제는 몇 년 전 미국에서 등장해 여러 논란을 불러일으켰다. 2004년 10월 버클리 회의에 막 도착한 수학자 알리시아 디켄스테인이 이 문제를 나에게 처음 알려주었다.

그런 다음 참가자에게 새로운 선택의 기회가 제공된다. 참가자가 취해야 하는 최고의 전략은 무엇일까? 즉, 이전에 선택한 문을 그대로 유지해야 할까, 다른 문으로 바꿔야 할까? 아니면 어떻게 하든 승률과는 무관할까? 나는 여러분이 잠시 생각해보기를 제안한다.

이 문제를 맞닥뜨리면 다음처럼 대답하고픈 유혹이 생긴다. 문이 2개 남은 상황에서 선택을 바꾸거나 바꾸지 않는 것이 무슨 의미가 있을까? 2개 중에 자동차가 있으니, 어쨌든 자동차가 있을 확률은 반반이다.

하지만 이것이 정말로 참일까? 해법을 보기 전에 다음과 같은 사항을 생각해보자. 이 문제는 두 번째 상황(2개 중에 하나를 선택해야 하는 상황)에서 시작하지 않았다. 원래 3개의 문이 있었고 자동차 문을 맞힐 확률은 3분의 1이었다. 우리는 이 사실을 무시해도 될까? 답은 '해법'을 참고하라.

맨홀 뚜껑 상식

여러분은 거리에 있는 '맨홀 뚜껑'에 주의를 기울인 적이 있는가? 간혹 배관공들이 관을 수리하기 위해 뚜껑을 들어올리거나 다시 막아놓는 것을 보았는가? 뚜껑이 정사각형이나 직사각형이 아닌 둥근 모양인 이유는 무엇일까? 답은 '해법'을 참고하라.

아인슈타인의 수수께끼

아인슈타인은 지난 세기에 이 수수께끼를 내면서 전 세계 사람 98%가 풀지 못할 것이라고 말했다. 하지만 내 생각에는 그렇게까지 어렵진 않다. 답을 찾을 때까지 인내와 관심을 유지하는 것이 관건이다. 한번 함께 살펴보자.

색깔이 서로 다른 집이 다섯 채 있다. 집집마다 각기 다른 국적의 사람이 한 명씩 산다. 그들은 제각기 특정한 종류의 음료를 마시고, 특정한 브랜드의 담배를 피우고, 특정한 반려동물과 산다. 그 어떤 집주인도 똑같은 반려동물과 살지 않고, 똑같은 브랜드의 담배를 피우지 않으며, 똑같은 음료를 마시지 않는다.

질문: 물고기를 키우는 사람은 누구인가?

문제 해결의 열쇠:

① 영국인은 빨간 집에 산다.

② 스웨덴인은 강아지와 함께 산다.

③ 덴마크인은 차를 마신다.

④ 초록 집은 하얀 집 왼쪽에 있다.

⑤ 초록 집 주인은 커피를 마신다.

⑥ 폴몰 담배를 피우는 사람은 새와 함께 산다.

⑦ 노란 집 주인은 던힐 담배를 피운다.

⑧ 중앙에 위치한 집에 사는 사람은 우유를 마신다.

⑨ 노르웨이인은 첫 번째 집에 산다.

⑩ 블렌드 담배를 피우는 사람은 고양이와 사는 사람의 옆집에 산다.

⑪ 말과 사는 사람은 던힐 담배를 피우는 사람의 옆집에 산다.

⑫ 블루매스터 담배를 피우는 사람은 맥주를 마신다.

⑬ 독일인은 프린스 담배를 피운다.

⑭ 노르웨이인은 파란 집의 옆집에 산다.

⑮ 블렌드 담배를 피우는 사람에게는 물을 마시는 이웃이 있다.

답은 역시 '해법'에 있다.

촛불 문제

이것도 생각해볼 만한 문제이다. 물론 '함정'은 없다. 지금 당장 해결하지 않아도 괜찮다. 잠깐 시간을 내서 문제를 읽어보라. 해결책이 바로 떠오르지 않더라도 낙담하지 말라. 생각할 거리를 갖는 것은 즐거운 시간을 보내는 하나의 방법이다. 답은 '해법'을 보면 알 수 있지만, 서둘러 넘겨보진 않길 바란다.

나는 이 문제를 일레아나 히헤나에게 들었다. 그는 〈아르헨티나의 과학자들〉이라는 프로그램의 음향 기술자였다. 어느 날 오후, 나는 프로그램을 마치면서 시청자들에게 생각해볼 거리를 제시했고, 다음 방송에서 해법을 알려주겠다고 공지했다. 이 얘기를 들은 일레아나는 부스에서 나와서 내게 말했다.

"아드리안, 촛불 문제 알아요?"

"아뇨, 그게 뭔가요?"

일레아나는 나에게 생각할 거리를 제시했다. 그것을 여러분과 공유하고 싶다.

똑같은 양초 두 자루가 있다. 양초 한 자루가 다 타는 데 정확히 1시간이 걸린다. 누군가가 15분을 측정해야 하는데 타이머가 없다. 이럴 경우, 양초만으로 어떻게 15분을 잴 수 있을까? 참고로, 양초는 칼로 자를 수도 없고 표시를 하는 것도 불가능하다. 오직 라이터와 양초에 대해 위와 같이 알려진 정보만 사용할 수 있다. 답은 '해법'에 있다.

모자 1부

어느 교도소에 3명의 수감자가 있다. 그들을 A, B, C라고 부르기로 하자. 세 사람 모두 올바른 행동을 했다고 여긴 교도소장은 그들에게 자유를 주는 것으로 보상하기로 한다. 이를 위해 교도소장은 수감자들에게 다음과 같이 규칙을 설명한다.

여기 모자가 5개 있다. 하얀 모자가 3개, 검은 모자가 2개다. 나는 모자 3개를 선택해서(어떤 모자를 뽑는지 여러분은 알 수 없다) 여러분에게 나눠줄 것이다. 각자 모자를 하나씩 쓰고 나면, 셋 모두 한 방에 들어갈 것이다. 단, 다른 두 사람이 쓰고 있는 모자는 볼 수 있지만 자기가 쓴 모자는 볼 수 없다.

그 후에 나는 한 사람씩 질문을 던질 것이다. 각자 무슨 색의 모자를 쓰고 있는지 나한테 말해야 하는데, 위험을 무릅쓴 추측이 아니라 근거 있는 설명을 제공해야 한다. 만일 확답을 할 수 없다면 그냥 '통과'해야 한다(즉, 알 수 없다고 말해야 한다). 모두 한 번씩 대답했을 때 아무도 실수하지 않고 3명 중 최소한 1명이라도 답을 맞혔다면 여러분은 석방될 것이다. 또한 당연히 어느 누구도 다른 두 사람과 대화하거나 몸짓으로 소통하거나 전략을 세울 수 없다. 또한 정직하게 대답해야 한다.

예를 들어, 내가 검은 모자를 골라 A와 C에게 주고, A에게 그가 쓰고 있는 모자가 무엇일지 물으면서 시작한다고 하자. A는 B가 하얀 모자를, C가 검은 모자를 쓰고 있는 것을 보더라도 자신이 어떤 모자를 쓰고 있는지 확실히는 알 수 없다. 따라서 그냥 통과해야 한다. 반면 B는 A와 C가 모두 검은 모자를 쓰고 있는 걸 보고 자신의 모자가 하얀색임을 확신하며 대답할 수 있다(검은 모자는 2개밖에 없기 때문이다).

규칙을 모두 설명한 교도소장은 수감자 셋을 분리했다. 그들은 각기 다른 방으로 갔고, 교도소장은 (예상대로) 3개의 하얀 모자를 골라 그들이 색을 보지 못하게 씌워주었다. 그런 다음 그들을 한 방으로 데려와서 질문을 던지기 시작했다.

"당신은 무슨 색 모자를 가지고 있나요?" 교도소장이 A에게 질문했다.

"잘 모르겠습니다, 소장님." A는 B와 C가 모두 하얀 모자를 쓰고 있는 것을 보고 걱정스레 대답했다.

"그래서요?"

"통과하겠습니다."

"좋아요. 그럼 당신은요?" 교도소장은 B를 향해 계속해서 질문을 던졌다.

"소장님, 저도 통과하겠습니다. 제가 무슨 색깔의 모자를 쓰고 있는지 도통 알 수가 없네요."

"자 이제, 제가 물어볼 사람이 단 한 명만 남았군요. C, 당신에게 질문하죠. 당신은 무슨 색 모자를 쓰고 있나요?"

C는 생각에 잠겼다. 다시 교도소장을 쳐다보고는 눈을 감았다. 조바심이 점점 커져만 갔다. C는 무슨 생각을 하고 있었을까? 다른 두 수감자는 더 이상 침묵할 수 없었다. 세 사람의 자유가 C의 대답에 달려 있었다.

하지만 C는 계속 생각했다. 숨이 턱 막히는 순간에 이르러서야 비로소 말문을 열었다. "좋아요, 소장님. 확실히 말할 수 있을 것 같습니다. 제 모자 색깔은 하얀색입니다."

다른 두 수감자는 그가 어떻게 알아냈는지 이해할 수 없었지만,

어쨌든 C는 그렇게 대답했다. 이제 모두의 자유를 보장하기 위해서 C는 자신의 대답을 설명해야 했다. 두 수감자는 조금 전까지만 해도 불가능해 보였던 일, 즉 C가 본인의 대답을 입증할 수 있기를 기대하며 숨을 죽이고 기다렸다. 두 사람 모두 C가 말한 것이 사실임을 알고 있었지만, 그것을 설명할 방법이 없었다.

C는 설명을 하는 데 성공했다. 여러분도 생각해보기를 권한다. 답이 떠오르지 않는다면, 책 마지막에 있는 '해법'을 찾아보라.

모자 2부: 전략을 개선하는 방법

다시 한번, 교도소에 A, B, C라는 수감자가 있다고 상상해보자. 교도소장은 그들이 좋은 일을 하여 보상하기로 결정했다. 그런데 그는 세 사람의 추론 능력을 시험해보고 싶었다. 그래서 다음의 문제를 제안했다. 교도소장은 셋을 한 방에 불러놓고 이렇게 말했다.

"여기 하얀 모자 더미와 검은 모자 더미가 있습니다." 그는 길게 두 줄로 늘어선 두 색의 모자 더미를 가리키며 말했다.

"여러분 각자에게 모자를 하나씩 골라주겠습니다. 여러분은 본인이 받은 모자가 무슨 색인지 볼 수 없지만, 다른 두 사람의 모자는 볼 수 있도록 하겠습니다. 일단 하나씩 다 나눠주고 나서 여러분에게 본인의 모자가 무슨 색인지 물어볼게요. 여러분은 하얀색이나 검은색 중 하나를 선택해야 합니다. 대답하지 않기로 선택할 수도 있으며, 그 경우는 '통과'입니다. 3명 모두 석방되기 위해서는 어느 누구도 오답을 내지 않아야 합니다. 다시 말해, 2명은 통과할 수 있지만, 나머지 1명은 하얀색 혹은 검은색을 선택할 수밖에 없습니다. 세 사람 중 누군가 한 사람이라도 실수하면 아무도 석방되지 못합니다. 하지만 세 사람 모두 석방되기 위해서는 (실수를 하지 않았다는 가정하에) 하나의 정답만으로 충분합니다. 이 문제를 해결하기 위한 전략을 하나 설명해보겠습니다: 'A와 B는 협의하에 통과를 선택한다. C는 하얀색과 검은색, 둘 중 하나를 선택한다. 그러면 답을 맞힐 확률은 50%이다. 그렇다면 이 전략은 모든 경우에 50%의 확률로 석방으로 이어진다.' 자, 이 문제를 개선하는 전략이 있을까요?"

마지막으로 교도소장은 수감자들에게 말했다. "여러분은 원하는 전략을 세울 수 있습니다. 하지만 내가 모자를 나눠주는 순간 더는 대화를 나눌 수 없죠."

방에 갇힌 수감자들은 생각하기 시작했다. 결국 그들은 해결책을 찾아냈다. 혼자서 고민해보고, '해법'을 확인해보라.

행성을 오가는 메시지

우리가 우주로 메시지를 보내야 하고 그 메시지를 '지적 생명체'가 읽길 바란다고 가정해보자. 어떻게 해야 특정 언어가 아닌 언어로 쓰되 누군가가 읽을 수 있도록 명료하게 작성할 수 있을까? 또 만일 언어의 '매체'라는 장애물이 극복되면, 다시 말해 상대방이 이해할 수 있는 의사소통 시스템이 마련된다면, 그때는 무엇을 쓰고 무엇을 말해야 할까?

아주 오래전 일본의 한 일간지에 그러한 메시지가 실린 적이 있다. 동양을 여행하고 돌아온 (앞서 언급했던) 알리시아 디켄스테인은 잡지 〈엘 코레오 데 라 우네스코〉의 1966년 1월호 기사 내용을 내게 알려주었다. 기사가 아주 오래전부터 인터넷에서 변형되며 인용되고 있기 때문에, 다시 제대로 옮겨보겠다.

1960년 도쿄의 영어 교사 이반 벨은 라디오로 우주의 메시지를 청취하는 계획인 '오즈마 프로젝트'에 대해 전해 들었다. 그 후 벨은 24개의 상징이 담긴 행성 간 메시지를 작성해서 일본의 일간지 〈재팬 타임즈〉(〈엘 코레오 데 라 우네스코〉의 일본판) 1960년 1월 22일호에 게재했고 독자들에게 해독을 요청했다.

일간지는 총 4개의 답변을 받았다. 그 답변 중 하나는 이반 벨의 것과 동일한 코드로 답장을 작성한 미국인 독자로부터 온 것이었다. 그는 자신이 목성에서 살고 있다고 덧붙였다.

이반 벨이 쓴 메시지는 무엇이었을까? 원본 기사에서 말했던 것처럼 이 메시지는 "언뜻 보이는 것보다 훨씬 더 쉽게 해독할 수 있고 훨씬 더 간단하다." 이것은 오락이자 정신 훈련이라는 점을 덧붙이고 싶다. 이반 벨의 메시지는 인간의 지성이 무엇을 할 수 있는지에 대한 즐겁고도 독창적인 사례이다. 인종과 종교와 언어와 무관하게, 오직 사고하려는 의지만 있다면 해독할 수 있다.

1. A.B.C.D.E.F.G.H.I.J.K.L.M.N.P.Q.R.S.T.U.V.W.Y.Z

2. AA, B; AAA, C; AAAA, D; AAAAA, E; AAAAAA, F; AAAAAAA, G; AAAAAAAA, H; AAAAAAAAA, I; AAAAAAAAAA, J.

3. AKALB; AKAKALC; AKAKAKALD, AKALB; BKALC; CKALD; DKALE, BKELG; GLEKB, FKDLJ; JLFKD.

4. CMALB; DMALC; IMGLB.

5. CKNLC; HKNLH, DMDLN; EMELN.

6. JLAN; JKALAA; JKBLAB; AAKALAB, JKJLBN; JKJKJLCN, FNKGLFG.

7. BPCLF; EPBLJ; FPJLFN.

8. FQBLC; JQBLE; FNQFLJ.

9. CRBLI; BRELCB.

10. JPJLJRBLSLANN; JPJPJLJRCLTLANNN, JPSLT; JPTLJRD.

11. AQJLU; UQJLAQSLV.

12. ULWA; UPBLWB; AWDMALWDLDPU, VLWNA; VPCLWNC.

VQJLWNNA; VQSLWNNNA, JPEWFGHLEFWGH;

SPEWFGHLEFGWH.

13. GIWIHYHN; TKCYT, ZYCWADAF.

14. DPZPWNNIBRCQC.

여러분이 직접 해독해보길 바란다. 답은 '해법'에 있다.

무슨 수가 빠졌을까?

지능 검사(혹은 IQ 측정)에서는 다음과 같은 유형의 문제가 자주 나온다.

수 하나가 빠진 표가 있다. 여러분은 어떤 수가 누락되었는지 알 수 있겠는가? 그리고 그 이유를 설명할 수 있겠는가?

54	(117)	36
72	(154)	28
39	(513)	42
18	(?)	71

이것은 단순히 물음표 자리를 채우는 능력뿐만 아니라, 패턴을 분석하는 능력까지 알아보기 위한 문제이다. 답은 '해법'에 있다.

외식의 횟수에 대한 수수께끼

대화 상대방에게 묻는다. 일주일에 몇 번 외식하는 것이 좋은가? 상대방은 그 수를 생각하되 말해서는 안 된다. 바로 그 수가 우리가 알아내려는 것이다. 상대방의 대답(외식을 원하는 횟수)을 v로 쓰고, 가령 그가 3회라고 대답했다고 가정해보자.

3	v

우리는 상대방에게 그 수에 2를 곱하라고 말한다.

6	$2v$

거기에 5를 더하라고 말한다.

11	$2v+5$

이제 50을 곱하라고 요청한다.

550	$50(2v+5)=100v+250$

생일이 이미 지났다면, 1,755를 더하라고 말한다.

$$2{,}305 \qquad 100v + 2{,}005$$

생일이 아직 지나지 않았다면, 1,754를 더하라고 말한다.

$$2{,}304 \qquad 100v + 2{,}004$$

이제 그 수에서 자신이 태어난 해를 빼라고 요청한다(상대방이 1949년에 태어났다고 가정하자).

생일이 지난 첫 번째 경우는 다음과 같다.

$$(2{,}305 - 1{,}949) = 356 \qquad 100v + 56$$

생일이 지나지 않은 두 번째 경우는 다음과 같다.

$$(2{,}304 - 1{,}949) = 355 \qquad 100v + 55$$

첫 번째 경우의 결과는 356이다. 이제 상대방에게 마지막으로 얻은 수를 알려달라고 말한 뒤에, 다음처럼 답을 맞히면 된다. "당신이 일주일에 외식하고 싶은 횟수는 3번이고, 당신의 나이는 56세군요." 두 번째 경우의 결과는 355이다. 그럼 다음처럼 말하면 된다. "당신이 일주일에 외식하고 싶은 횟수는 3번이고, 당신의 나이는 55세군요."

여기서 숫자 $100v$의 역할은 v에 정확히 100을 곱한 다음 56 또는 55를 더하는 것이다. 나이를 의미하는 수 앞에 v를 덧붙이는 것과 같으므로, 마지막 결과는 다음과 같다고 볼 수 있다.

$$v56 \text{ 또는 } v55$$

5장

궁리와 호기심

일상의 논리학

일상생활에서 논리적 오류를 범하는 일은 흔하다. 다음의 예시를 따라와보라.

① 한 레스토랑에 "토요일은 금연"이라고 쓰인 포스터가 붙어 있다. 그렇다면 토요일을 제외한 다른 요일에는 흡연해도 된다고 보아도 될까?

② 학교 선생님이 "월요일에 시험이 있다"라고 말했다. 이것은 다른 요일에는 시험을 보지 않는다는 뜻일까?

포스터에 "토요일은 금연"이라고 쓰여 있다고 해서 월요일에 흡

연이 허용된다는 것을 의미하지는 않는다. 화요일도 마찬가지이다. 포스터의 문장은 단지 토요일에 담배를 피울 수 없다는 뜻이다. 그 문장에서 다른 결론을 도출하면 그것은 틀린 결론이다.

두 번째 예시도 마찬가지이다. 선생님이 "월요일에 시험이 있다"라고 말했다고 해서 다른 요일에 시험을 보지 않는다는 뜻은 아니다.

이 모든 예시는 말하는 습관에 의해 생겨난 논리의 오류일 뿐이다.

수학자와 생물학자의 차이

지금부터 살펴볼 예시는 같은 단과대학에서 공부하기로 결정했지만 서로 다른 관심사를 가진 사람들의 몇 가지 차이점을 설명해준다. 나는 수학자를 약간 '바보'라고 소개하고 싶은 충동이 드는데, 실제로 그러한지 확실히는 모르겠다. 여러분의 판단에 맡긴다.

자, 두 명의 학자가 있다. 수학자와 생물학자이다. 이제 두 사람에게 문제를 제시하고 각자 어떤 대답을 내놓을지 살펴보자. 테이블 위에 물건을 꺼내놓고 두 사람에게 보여준다.

① 탱크에 등유를 넣은 난로

② 물 주전자

③ 성냥

④ 찻잔

⑤ 티백

⑥ 티스푼

첫 번째 문제는 차를 만드는 방법이다.

생물학자의 대답: "먼저 물 주전자를 난로에 올려놓습니다. 성냥을 켜서 난로에 불을 붙입니다. 물이 끓기를 기다립니다. 찻잔에 티백을 넣습니다. 찻잔에 물을 붓고, 티백이 물을 불그스레 물들이도록 티스푼으로 휘휘 저어줍니다."

수학자의 대답: "먼저 물 주전자를 난로에 올려놓습니다. 성냥을 켜서 난로에 불을 붙입니다. 물이 끓기를 기다립니다. 찻잔에 티백을 넣습니다. 찻잔에 물을 붓고, 티백이 물을 불그스레 물들이도록 티스푼으로 휘휘 저어줍니다."(생물학자의 대답과 똑같지만 책의 오류는 아니다.)

자, 이제 다른 문제를 낸다. 두 사람에게 끓인 물을 주고 차를 만들어달라고 부탁한다고 해보자. 두 사람은 각자 무엇을 할까?

생물학자의 대답: "글쎄요, 일단 티백을 찻잔에 넣습니다. 이미 끓인 물을 찻잔에 붓고 티백이 물을 불그스레 물들이도록 티스푼으로 휘휘 저어줍니다."

수학자의 대답: "제 생각은 다릅니다. 저는 물이 식기를 기다렸다가 앞에서 했던 방식으로 진행할 겁니다."

여러분 중 대다수가 생물학자에게 동의하리라는 것을 알고 있다. 하지만 나는 수학자가 옳다는 것을 깊이 생각해보라고 청하고 싶다. 수학자는 이미 풀었던 복잡한 문제(첫 번째 질문)의 해답으로 다음 문제를 자동으로 해결한 것이다.

4색 문제

나는 여러분이 초등학교를 졸업한 이후로 지도를 색칠해본 적이 없었으리라는 걸 안다. 그런 기회조차 없었을 거라 확신한다. 사실 나는 오늘날 학생들이 지도를 칠하는 것에 그쳐선 안 된다고 생각한다.

수학자들이 오랫동안 해답을 찾지 못한 채 남아 있는 정리가 하나 있다. 여기 지도가 하나 있다. 그렇다, 지도이다. 어떤 지도든 상관없다. 실제 지역과 일치할 필요조차 없다. 문제는 “지도를 색칠하는 데 몇 가지 색이 필요한가?”이다. 물론 엄청나게 다양한 물감이 있을 것이다. 그 물감을 모조리 사용해서 칠하면 되지, 왜 이런 질문을 할까? 그리고 숫자 4와는 무슨 상관이 있는 걸까?

‘4색 문제’가 등장한 건 영국에서였다. 프랜시스 거스리는 런던에 있는 한 대학교의 학생이었다. 그의 지도 교수는 수학자 오거스터스 드모르간이었다. 프랜시스는 동생 프레더릭에게(프레더릭 역시 드모르간의 학생이었다) ‘지도 색칠’과 관련하여 자신이 생각한 추측을 알려주었다. 도저히 문제를 해결할 수가 없어서 동생이 드모르간 교수에게 자문을 구해보라고 요청한 것이었다.

마찬가지로 해결책을 찾을 수 없었던 드모르간은 1852년 10월 23일에 더블린에 사는 수학자 윌리엄 로완 해밀턴 경에게 다음과 같이 편지를 보냈다. “한 학생이 저에게 어떤 문제를 알려주었는데, 도저히 증명을 할 수가 없습니다. 그 학생이 알려준 문제는 이렇습니다. ‘어떤 평면 도형이든 칸을 나누어서 2개의 인접한 칸이 똑같은 색을 갖지 않도록 색을 칠한다면, 총 4개의 색만으로도 충분하다.’”

해밀턴 경은 1852년 10월 26일에 드모르간에게 답신을 보냈다. 자신도 그 문제를 해결할 수 없다고 말이다. 드모르간은 계속해서 수학계에 도움을 요청했지만 아무도 답을 찾지 못했던 것 같다. 예를 들어, 당시 아주 유명한 수학자였던 아서 케일리는 1878년 6월 13일 런던 수학협회에서 4색 문제를 해결한 사람이 있는지 질문했다.

1879년 7월 17일, 알프레드 켐프는 〈네이처〉에 자신이 4색 문제를 증명했다고 선언했다. 켐프는 런던에서 일하는 변호사였는데, 케임브리지 대학교에서 케일리와 함께 수학을 공부했었다. 케일리는 〈미국 수학 저널〉에 증명을 보내라고 제안했고, 결국 켐프는 같은 해에 학회지에 증명을 발표했다. 그 순간부터 켐프는 이례적인 유명세를 누리게 되었다. 상도 받았고, 런던 왕립학회의 회원으로도 임명되었다. 게다가 1912년에는 영국 여왕으로부터 기사 작위도 수여받았다. 켐프는 이전의 증명을 더욱 개선하여 두 가지 증명을 더 발표했다.

하지만 1890년 영국의 수학자 퍼시 존 히우드는 켐프의 증명에서 여러 오류를 발견했다. 켐프의 증명이 왜, 어느 곳에서 잘못되었는지 보여주면서, 오히려 네 가지 색이 아니라 '다섯 가지 색이면 충분하다'고 주장했다. 결국 켐프는 런던 수학협회에서 오류를 시인했고, 자신이 그 오류를 해결할 능력이 없다고 인정했다. 1896년에는 벨기에의 수학자 샤를장 드 라 발레푸생 또한 켐프의 증명에서 오류를 발견했다.

이 문제는 계속 해결되지 못한 채 남아 있었다. 전 세계의 수많은 수학자가 문제를 증명하는 데 인생의 대부분을 바쳤다. 그 반대를 증명하는 데 관심을 둔 사람들도 있었다. 즉, 네 가지 색깔로 색칠할 수 없는 지도를 찾는 문제였다.

결국 1976년이 되어서야 문제가 해결되었고, 그 문제의 이름은 다시 '4색 문제'가 되었다. 미국의 수학자 케네스 아펠과 독일의 수학자 볼프강 하켄이 증명한 것이었다. 일리노이 대학교 어바나-샘페인 캠퍼스에서 함께 일하던 그들은 컴퓨터를 사용하여 그 문제를 증명했다. 그 당시 가장 빠른 컴퓨터를 1,200시간 가동한 결과였다. 4색 문제는 수학의 역사에서 컴퓨터가 그토록 강력한 영향을 미친 최초의 사례로 손꼽힌다. 컴퓨터는 한 세기 넘게 수학자들을 외면했던 문제를 해결하는 데 성공했다.

이 결과는 수학계에 큰 불안을 야기하기도 했다. 결과가 거짓으로 예상되었기 때문이 아니라, 기계의 우월성을 보여주는 첫 번째 사례였기 때문이다. 이보다 더 나은 증명을 찾을 수 있을까? (기계와 같은) 외부 요인에 의존하지 않고 증명을 찾아낼 수 있을까? 가장 낙관적인 계산에 따르면, 아펠과 하켄의 결과를 똑같이 얻으려면 한 사람이 일주일에 60시간을 바쳐 총 10만 년 동안 계산해야 한다!

증명에 대한 자세한 내용은 1977년에 두 편의 논문으로 발표되었다. 이 일화에서 가장 주목할 만한 점은 이렇다. 해결하는 데 수많은 생애가 걸릴 수도 있는 문제를 인간이 해결해냈다는 것이다. 물론 컴퓨터가 사용되긴 했지만, 인간이 없었더라면 컴퓨터는 무엇을 해야 할지(그리고 왜 해야 하는지) 전혀 몰랐으리라는 것을 강조하고 싶다.

산타클로스[15]

요즘에도 산타클로스가 선물을 주지 않는다고 불평하는 사람들이 있는 것 같다. 그래서 나는 불쌍한 산타클로스가 매년 겪어야만 하는 괴로움을 한번 살펴보자고 제안하고 싶다. 자, 시작하자.

세상에는 대략 20억 명의 어린이가 있다. 산타클로스가 기독교도만 찾아간다고 가정하면 3억 7800만 명의 어린이만 찾아가면 된다. 가구당 평균 3.5명의 어린이가 있다는 자료를 토대로 계산하면 총 1억 800만 가구가 있다는 것을 알 수 있다. 그리고 산타클

15 이 절의 내용은 세계적인 암호 전문가 휴고 스콜닉이 보내온 것이다.

로스가 동쪽에서 서쪽으로 이동한다고 가정하자. 서로 다른 시간대와 지구의 자전까지 고려하면 산타클로스가 업무를 수행할 수 있는 시간은 약 31시간이다. 1초에 968개 가구를 방문한다는 뜻이다. 따라서 산타클로스가 한 집에 썰매를 주차하고 굴뚝을 통해 집에 들어가서 양말에 선물을 가득 채우고 크리스마스 트리 밑에 또 다른 선물을 늘어놓고 다시 굴뚝으로 기어올라 썰매에 오른 후…… 다음 집에 도착하는 데 1/1000초밖에 걸리지 않는다.

1억 800만 가구가 지리적으로 고르게 분포되어 있다고 가정하면, 집과 집 사이의 거리는 대략 1,248m이다. 산타클로스가 총 1억 2100만 km 이동해야 한다는 뜻이다……. 휴식 시간이나 화장실에 다녀오는 시간을 제외하고 말이다. 따라서 산타클로스의 썰매는 초당 1,040km 속력으로 움직여야 한다. 음속보다 3,000배나 빠른 속력이다.

내친 김에 비교해보자. 인간이 만든 가장 빠른 탈것은 최대 초속 44km로 움직인다. 하지만 보통의 순록은 최대 시속 24km, 즉 대략 초속 7,000분의 1km로 달릴 수 있다. 썰매에 실린 짐의 하중은 또 하나의 흥미로운 요소를 더한다. 어린이가 중간 크기의 장난감(가령 1kg)을 요구했다고 가정하자. 그렇다면 썰매는 산타클로스의 몸무게를 제외하고 50만 톤 이상을 실어 운반해야 한다. 보통의 순록은 150kg이 넘는 짐은 끌 수 없다. 순록 한 마리가 체중의 10배가 되는 짐을 운반할 수 있다고 가정하더라도, 산타클로스의 짐은 여덟아홉 마리의 순록으로는 옮길 수 없을 것이다. 36만 마리의 순록이 썰매를 끈다고 해도 (썰매의 무게를 제외하면) 54,000톤의 짐을 운반할 수 있을 뿐이다.

만일 60만 톤의 질량이 초속 1,040km로 주행하면 엄청난 공기 저항을 받게 된다. 우주선이 지구 대기권에 진입할 때 갑판이 가열되는 것과 마찬가지로 순록들에게도 뜨거운 열이 가해진다. 예를 들어, 제일 앞에서 달리는 두 마리의 순록은 각각 매초 1430경(14,300,000,000,000,000,000) 줄의 에너지를 흡수하여 즉시 불꽃이 되어 사라질 것이다. 그들의 뒤를 따르는 순록들도 엄청난 소닉 붐(음속을 돌파할 때 생기는 충격파로 인한 폭발음)에 노출된다. 그렇게 모든 순록은 4,000분의 1초 만에 증발할 것이다. 산타클로스가 대략 다섯 번째 집에 도착할 무렵이다.

앞서 말한 모든 위험에도 살아남는다고 해도, 초속 1,040km의 속력을 감속하는 것도 고려해야 한다. 산타클로스의 몸무게가 150kg이라고 가정하면, 0.001초 안에 2,315,000kg에 해당하는 관성력에 시달리며 즉시 뼈가 다 부러지고 모든 장기가 떨어져나간다. 불쌍한 산타클로스는 끈적거리고 물컹한 덩어리로 소멸하고 만다.

누군가 이 모든 상황을 살펴보고도 산타클로스가 선물을 가져오지 않았다며 화를 낸다면, 그는 매우 불공평하고 배려 없는 사람일 것이다.

직각을 만드는 방법

지금쯤이면 다들 피타고라스 정리를 암기하고 있을 것이다. "모든 직각삼각형의 빗변의 제곱은 나머지 두 변의 제곱의 합과 같다." 이 정리는 직각삼각형에서 빗변과 나머지 두 변의 관계를 말해준다.

그렇다면 반대의 경우는 어떨까? 즉, 한 사람이 어떤 삼각형을 가지고 와서 다음과 같이 말한다면 어떨까? "보세요, 제가 지금 막 이 삼각형의 빗변과 나머지 두 변을 측정했는데, 두 변의 제곱을 더하면 빗변의 제곱과 똑같습니다." 자, 이제 묻겠다. 그 사람이 제시한 삼각형은 직각삼각형인가? 피타고라스 정리 자체는 이것에 대해서는 아무 말도 하지 않는다. 피타고라스 정리는 직각삼각형에 대해서 성립하는 정리이다. 따라서 이 경우에는 정리를 적용할 수가 없다.

하지만 그 사람은 자기 자신도 모르게 직각삼각형을 가지고 있었던 것이 아닐까? 맞다, 어떤 삼각형이든 위와 같은 관계가 성립한다면 직각삼각형일 수밖에 없다(지금 이 증명을 알아보진 않겠지만 연습 문제로 생각해볼 만하다). 흥미로운 점은 이 결과로 직각삼각형을 만들 수 있다는 것이다.

어떻게 해야 할까? 자, 12m(혹은 12cm)의 줄을 준비하자. 그리고 여러분은 이미 $3^2+4^2=5^2$이 성립하다는 사실을 알 것이다. 만일 이 줄로 각 변의 길이가 3, 4, 5m인 삼각형을 만든다면, 이 삼각형은 직각삼각형일 수밖에 없다.

일단 바닥에 줄을 놓자. 책이나 의자 다리로 줄의 한쪽 끝을 꽉 눌러 고정하자. 그리고 다른 한쪽을 잡아당긴다. 잡아당긴 줄이 3m일 때 또 다른 물건으로 그 지점을 단단히 고정하고, 줄을 회전시켜 어떤 방향으로든 4m가 될 때까지 당긴다. 그 지점에서 다시 무언가로 고정해두고 다시 줄을 회전시키는데, 이번에는 줄의 다른 쪽 끝이 놓인 방향으로 당긴다. 각각 3, 4, 5m 거리를 유지하면서 마지막 줄의 끝이 첫 번째 끝과 맞닿도록 줄을 이었다면, 그때 형성된 삼각형은 직각삼각형이어야만 한다. 사실 이것은 그리스인들이 직각삼각형을 만드는 방법이었다.

21세기 알파벳

20세기 중반에는 읽고 쓸 수 있다면 언어를 잘하는 사람으로 여겨졌다. 21세기 초인 오늘날에는 그러한 규정이 불완전할 것이다. 물론 읽고 쓸 줄 안다는 것이 기본적인 조건이긴 하지만, 제2 외국어를 하지 못한다면 그리 완벽해 보이지 않는다.

얼마 전 유나이티드 항공의 보잉 777 조종사 에릭 펄이 얘기해준 것을 들려주겠다. 비행기가 프랑스의 샤를 드골 공항에 착륙하려 할 때면 파리 영공을 떠다니는 항공기와 관제탑 사이에 대화가 오가는데, 모두 영어로 이루어진다고 한다. 물론 다른 언어의 중요성을 축소하려는 의도는 아니다. 다만 모든 사람이 서로를 이해하기 위한 일환으로 한 언어를 '표준화'해서 사용하고 있는 것이다.

내가 지금 이 말을 하는 이유는 영어를 세계 공용어로 받아들이는 관행에 강한 저항이 있다는 것을 자주 듣기 때문이다. 마치 다른 언어의 중요성이 손상된다는 것처럼 말이다. 나는 현실을 받아들이는 편이 낫다고 생각한다. 모든 사람이 서로를 이해할 수 있게끔 해주는 '보편 언어'를 만들지 않는 한, 오늘날 영공에서 소통을 보장하는 유일한 언어는 영어일 수밖에 없다.

21세기 외과 의사와 선생님

흥미로운 이야기를 하나 생각해보자. 1920년경 사망한 외과 의사가 갑자기 오늘 깨어나서 현대식 병원의 수술실로 옮겨졌다고 상상해보자. 수술대 위에 마취된 환자가 누워서 현대 기술로 수술을 받고 있다. 그 외과 의사는 환자를 보고 무슨 생각을 했을까? 어떤 감정이 들었을까?

분명 20세기 초의 사람 몸과 지금의 사람 몸은 똑같을 것이다. 문제는 수술 기구와 기술이다. 예전과 굉장히 다를 것이다. 아마도 외과 의사는 그 기술에 감탄할 것이다. 다른 의사들이 그에게 환자의 문제점을 설명한다고 하자. 나는 그 외과 의사가 분명히 잘 이해하리라 확신한다. 진단 내용을 이해하는 데 (적어도 대부분의 경우) 문제가 없을 것이다. 하지만 똑같은 기술로 수술을 할 수는 없을 것이다.

이제 직업을 바꿔보자. 20세기 전반기에 살다가 죽은 외과 의사 대신에 교사를 부활시켜보자. 그리고 우리는 그를 의사의 수술실이 아니라 교사의 수술실, 즉 수업이 열리는 교실로 데려간다. 그 교사는 수업을 이해할 수 있을까? 사람들이 말하는 내용을 알아들을까? 학생들이 겪는 어려움을 이해할까? 아마도 대답은 '그렇다'일 것이다. 수업 내용을 이해하는 데 문제가 없을뿐더러, 심지어 자신의 전문 분야라면 칠판에 다가가 분필을 들고 수업을 진행할 수도 있을 것이다.

교훈: 기술은 특정 학문 분야에 대한 접근 방식을 크게 변화시켰지만 교수법과 교육에서 동일한 일이 발생했는지는 확신할 수 없다. 나의 궁금증은 다음과 같다. 만일 우리가 아무것도 바꾸지 않기로 선택한 것이라면 아무런 문제가 없다. 한 세기 동안 해온 것이 오늘날 우리가 하고 싶은 것이라면 비판의 여지는 없다. 그러나 그렇지 않고 오늘날 우리가 하는 일이 한 세기 전과 똑같다면, 우리가 그것을 거의 검토하지 않았거나 무언가가 잘못된 것이다. 생각해볼 가치가 충분한 문제이다.

원숭이와 바나나에 대하여

원숭이 여섯 마리가 한 방에 있다. 바나나 한 송이가 매달린 나무에 사다리가 놓여 있다. 원숭이 한 마리가 사다리를 올라 바나나로 향하는 데는 그리 오랜 시간이 걸리지 않는다.

그리고 여기서 실험이 시작된다. 사다리에 닿는 순간 '모든' 원숭이는 얼음물로 흠뻑 젖는다. 원숭이는 그 자리에 멈춘다. 잠시 후 원숭이들이 다시 시도하지만 결과는 마찬가지이다. 원숭이 한 마리가 사다리에 닿자마자 모든 원숭이에게 얼음물이 쏟아진다. 이 과정을 몇 번 더 반복하면 원숭이들이 눈치를 채기 시작한다. 누군가 시도하려 하면 다른 원숭이들은 피하거나 서로 때리는 식으로 얼음물에 젖는 것을 막으려 한다.

일단 이 단계에 도달하면 원숭이 한 마리를 방 밖으로 내보내고, (실험에 참여하지 않은) 새로운 원숭이로 대체한다. 새로 들어온 원숭이는 바나나를 보고 그 즉시 사다리를 오르려 한다. 공포에 질린 다른 원숭이들이 모두 그 원숭이를 공격한다. 기존의 원숭이들은 새로 온 원숭이를 저지한다. 몇 번 더 시도한 새로운 원숭이는 학습하기 시작한다. 사다리를 오르려고 하면 다른 원숭이들이 무자비하게 때릴 거라는 사실을 말이다.

이러한 절차를 반복한다. 두 번째 원숭이를 내보내고, 새 원숭이를 합류시킨다. 새로 들어간 원숭이는 사다리를 향해 간다. 새 원숭이가 사다리에 닿으면 무차별 공격을 받는다. 그뿐만이 아니다. 바로 직전에 들어간 (얼음물을 경험한 적이 없는!) 첫 번째 원숭이는 폭력 사태에 아주 열정적으로 참여한다.

세 번째 원숭이 또한 교체된다. 새로운 원숭이가 사다리를 오르려고 하자마자 다른 원숭이 다섯 마리가 그 원숭이를 때린다. 하지만 그 원숭이를 때리는 데 동참한 원숭이 두 마리는 왜 사다리를 오를 수 없는지 전혀 알지 못한다. 네 번째 원숭이도, 다섯 번째 원숭이도, 여섯 번째 원숭이도 교체된다. 이제 얼음물의 존재를 아는 원숭이는 더 이상 없다. 마지막 원숭이가 두어 번 시도했다가 나머지 원숭이들에게 맹렬히 구타를 당하고 나면, 이제는 사다리로 올라갈 수 없다는 규칙이 확립된다. 사다리를 오르려는 원숭이는 잔인한 억압에 노출된다. 지금 있는 원숭이 여섯 마리 중 어느 원숭이도 그러한 야만성의 근거를 갖고 있지 않다. 마치 인간들 같지 않은가? 이것은 순전히 우연이 아니다. 우리가 바로 그러한 존재다. 원숭이 같은 존재들이다.

수학이란 무엇인가?

아래의 성찰은 수학자 케이스 데블린의 책 『수학이란 무엇인가?』에서 영감을 받았다. 나는 여러분이 아래의 글을 가능하면 최대한 유연하게 읽어보면 좋겠다. 유심히 살펴보길 바란다.

길 가는 사람을 붙잡고 "수학이란 무엇인가?"라고 질문한다면 어떨까? 수학은 수에 관한 연구라고 답하거나 수의 과학이라고 대답할 것이다. 대답이라도 한다면 말이다. 사실 이러한 대답은 2500여년 전에도 똑같았다. 일반 대중이 수학이라는 기초 과학에 대해 가지고 있는 정보는 무려 25세기 전과 똑같은 것이다! 이렇게 눈물겨운 예시가 또 있을까?

인류는 유구한 역사적 발전 속에서 풍요를 누리며 걸어왔기 때문에, 나는 조금 더 나은 반응을 기대해도 된다고 생각한다. 대중의 상상 속에서 '수학이란 무엇인가?'에 대한 생각은 수세기에 걸쳐 그리 많이 발전한 것 같지는 않다. 뭔가 잘못되었다. 우리가 무엇을 놓치고 있는 걸까? 사람들은 대부분 수학이 일상생활에 다양하게 기여한다는 사실을 기꺼이 받아들인다. 하지만 수학의 본질이나 현재 수행되고 있는 연구는 물론이고 그것의 발전과 확장에 대해서는 전혀 알지 못하고 할 말도 없어 보인다. 이러한 상황에서 수학의 첫걸음과 수학이 시간의 흐름 속에서 어떻게 변화했는지를 간략하게나마 살펴보는 것이 유용할 수 있다.

'수학이란 무엇인가?'라는 질문에 대한 대답은 역사 전반에 걸쳐 변화를 거듭했다. 기원전 500여 년까지만 해도 수학은 사실상 수에 관한 연구였다. 이집트와 바빌로니아 수학의 시대였다. 이 두 문명에서 수학은 대부분 산술학으로 이루어졌다. '요리법'과 비슷했다. 수를 이렇게 또 저렇게 하면 답이 나온다는 식이었다. 그것은 마치 믹서기에 재료를 모두 넣고 스무디를 만드는 것과 같았다. 이집트에서는 서기관들이 회계에 수학을 사용했고, 바빌로니아에서는 천문학자들이 하늘을 관측하는 데 수학을 활용했다.

기원전 500년부터 기원후 300년까지 대략 800년 동안 그리스 수학자들은 주로 기하학 연구에 관심을 가졌다. 그래서 그들은 수를 기하학적 방식으로, 즉 길이의 측정값으로 이해했다. 바빌로니아인이 사용한 수는 그리스인에게 너무 작았다. 그 수만으로는 부족했다. 자연수와 정수가 있었지만 충분하지 않았다. 바빌로니아인은 이미 유리수에 해당하는 수를 알고 있었다. 이 수로 가령 5보다 크고 6보다는 작은 크기를 측정할 수 있었다. 하지만 그리스인들 입장에서 그것만으로는 여전히 부족했다.

피타고라스 학파와 같은 일부 학파는 모든 것이 측정 가능하다고 주장했다. 따라서 두 변의 길이가 1인 직각삼각형의 빗변의 길이를 측정할 수 없었을 때 거의 미쳐버릴 지경이었다. 그리스인들이 알고 있는 수로는 알 수 없는 측정값이 있었던 것이다. 그때가 바로 그들이 무리수를 '발견'한, 혹은 그 존재를 인정할 수밖에 없었던 때였다.

기하학에 대한 강조는 수학을 수의 사용뿐만 아니라 수 자체에 대한 연구로 끌어올렸다. 바로 거기서 다른 무언가가 나타나기 시작했다. 더 이상 멈추지 않을 수학의 확장이 시작되었다. 수학이 연구의 영역으로 변모하고 측정과 계산을 위한 기술 이상의 분야가 된 것은 그리스인 덕분이었다. 그들은 수학을 미학적 요소와 종교적 요소를 모두 포괄하는 흥미로운 지적 탐구의 대상으로 여겼다.

수학의 명제가 논리적이고 형식적인 논증을 통해 증명될 수 있다는 생각을 처음으로 도입한 사람은 그리스 밀레토스 출신의 철학자 탈레스였다. 이러한 사고의 혁신은 수학의 기둥인 '정리'의 기원이 되었다.

수학에 관한 그리스인의 혁신적인 접근은 유클리드의 『원론』이라는 유명한 책으로 절정에 달했다고 볼 수 있다. 성경 다음으로 가장 많이 유통된 책인 『원론』은 신의 가르침만큼이나 인기가 높았다.

역사에 굵직한 획을 그은 또 다른 사건을 살펴보자. 영국과 독일에서 동시다발적으로 한쪽에서는 아이작 뉴턴이, 또 다른 한쪽에서는 고트프리트 라이프니츠가 미적분을 '발명'했다. 『원론』의 출간부터 미적분이 발명된 17세기 중반에 이르기까지 수학이 그다지 많이 변화하지 않았다는 것이 신기할 따름이다.

미적분은 운동과 변화에 관한 연구를 가능하게 했다. 완전히 새로운 가능성의 세계를 열었던 것이다. 그때까지 수학은 딱딱하고 정적인 것이었다. 동시에 '극한'이라는 개념도 등장했다. 극한이란, 결코 도달할 수 없지만 원하는 만큼 접근할 수 있다는 생각 혹은 개념이다. 이렇게 미적분과 극한 연구가 '폭발'했다.

계산하고, 측정하고, 형태를 설명하고, 정적인 대상을 연구하는 분야처럼 보였던 수학은 미적분의 출현과 함께 그 사슬에서 벗어나 '움직이기' 시작했다. 이 새로운 수학으로 과학자들은 행성의 움직임, 기체의 팽창, 액체의 흐름, 물체의 낙하, 전자기력, 동물과 식물의 성장, 전염병의 확산 등을 훨씬 수월하게 연구할 수 있었다.

뉴턴과 라이프니츠가 등장한 이후, 수학은 수, 형태, 움직임, 변화 그리고 공간에 대한 연구를 모두 포함하게 되었다. 미적분과 관련된 초기 작업은 대부분 물리학 연구로 집중되었다. 사실 당시의 위대한 수학자는 뛰어난 물리학자이기도 했다. 그 당시에는 오늘날처럼 서로 다른 지식 분야 사이에 날카로운 구분이 없었다. 한 지식의 영역은 그다지 방대하지 않았다. 그래서 한 사람이 예술가이면서 수학자이고, 물리학자이면서 또 다른 직업을 가질 수 있었다. 레오나르도 다빈치나 미켈란젤로 부오나로티처럼 말이다.

18세기 중반부터 수학 자체를 연구하는 경향이 생겨났다. 다시 말해, 이제 사람들은 단지 수학의 응용 가능성뿐만 아니라 수학 자체를 연구하기 시작했다. 19세기 말경, 수학은 수, 형태, 움직임, 변화 그리고 공간에 대한 연구이자, 그 연구를 위해 사용되는 수학적 도구로 변모했다. 금세기에 발생한 수학 활동의 폭발은 실로 대단했다. 1900년대 초쯤이면 이 세상 모든 수학 지식은 80권짜리 백과사전 전집에 실려야 할 정도였던 것으로 보인다.

수학의 발전에는 수많은 새로운 분야가 포함된다. 한때는 산술학, 기하학, 미적분학 등 총 12개 분야가 포함되었다. 우리가 수학의 '폭발'이라고 불렀던 사건 이후로 수학의 영역이 대략 60에서 70개가 새로이 생겨났다. 게다가 대수학이나 위상수학과 같은 일부 영역은 여러 하위 분야로 세분화되었다. 한편으로는 복잡성 이론이나 동적계 이론처럼 완전히 새로운 대상도 태어났다.

불과 20년 전, 수학의 새로운 정의가 제안되었다. 수학자들 사이에서 상당한 동의를 이끌어냈는데, 지금도 그러하다. 바로 '수학은 패턴의 과학'이라는 것이다. 일반적으로 말해 수학자가 하는 일은 추상적인 '패턴'을 조사하는 것이다. 즉 특이성, 반복되는 것, 숫자 패턴, 형태 패턴, 움직임 패턴, 행동 패턴 등을 찾는 것이다. 이러한 패턴은 실제와 상상, 시각과 정신, 정적인 것과 동적인 것, 질적인 것과 양적인 것, 실용적인 것과 그렇지 않은 것을 전부 포함한다. 우리 주변의 세계, 깊디깊은 공간과 시간, 마음의 숙고로부터 패턴이 발견될 수 있다.

자, 지금까지 살펴본 것처럼 오늘날 '수학이란 무엇인가?'라는 질문에 '수에 대한 연구'처럼 단순하게 대답하는 것은 정보의 심각한 결핍을 보여주는 예시이다. 물론 그 문제의 큰 책임은 그렇게 생각하는 사람에게 있는 것이 아니라, 반대편에 있는 우리, 즉 나눌 줄도 모르면서 즐기고만 있는 바로 우리 수학자들에게 있다.

상대방의 말을 짐작하기

다음의 글을 읽어보라.

한 영국 대학의 연구에 따르면 글자를 쓰는 순서와 상없관이 오직 첫 글자와 마지막 글자를 올바른 위치에 쓰는 것이 중하요다. 나지머는 완전히 틀릴 수도 있지만, 그래도 여전히 문없제이 읽을 수 있을 것이다. 글자 자체를 하하나나 읽는 것이 아니라 단어를 통째로 읽기 때이문다.

뇌는 어떻게 작동할까? 실제로 글자 하나하나를 얼마나 받아들이고, 예상하는 정도는 얼마큼일까? 나는 예전에 친구들과 있었던 일을 기억한다. 누구가가 하는 말을 온전히 다 듣지는 못할 경우에도 상상력을 동원하여 그 뒤에 오는 말을 예상하며 대화를 나누었다. 물론 그로 인해 사소한 문제가 발생하기도 하지만 말이다.

2001년, 우리들은 한 술집에 모여 있었다. 축구 이야기는 절대 빠질 수 없는 대화 주제였다. 특히 카를로스 그리구올, 빅토르 마르체시니, 카를로스 아이마르, 루이스 보니니, 미겔 티티 페르난데스, 페르난도 파시니, 하비에르 카스트릴리, 그리고 술집 주인 안토니오 라레히나가 함께 자리한 테이블은 더더욱 그러했다.

어느 순간 티티는 화장실에 가려고 일어섰다. 그가 화장실에 가서 우리 이야기를 듣지 못하는 사이에 나는 티티가 자리로 돌아오면 우리가 티티와 나눌 대화에 주의를 기울여달라고 남아 있는 모두에게 요청했다. 모두에게 내가 앞서 서술한 것을 보여주고 싶었기 때문이다. 누구든 모든 걸 항상 다 들을 수 있는 건 아니라는 사실 말이다. 우리는 다른 사람이 할 말을 미리 짐작하고, 그가 이야기를 어떻게 이어갈지 생각하곤 하다.

그래서 이런 일이 일어났다. 티티가 자리로 돌아왔을 때 나는 질문을 던졌다.

"말해보게, 〈스포츠 80〉(아르헨티나 라디오에서 1980년대 초 송출했던 스포츠 프로그램—옮긴이) 시절에 우리가 한 축구 감독과 진행했던 취재 기록물이 자네 집에 있지 않나?"

"있지. 우리 집에 카세트테이프가 있을 거야……."

"그럼 부탁 좀 하지. 다음 주에 좀 가져다주겠나? 난 그걸 '듣고, 지우고, 다시는 돌려주지 않을' 거야."

"알았네, 아드리안." 그는 놀라지도 않고 내게 말했다. "하지만 날 재촉하지는 말게. 내가 가지고 있는 건 분명한데 정확히 어디에 있는지는 기억이 안 나거든. 찾으면 바로 가져다주겠네."

교훈: 깔깔대는 사람들 앞에서 티티는 무슨 일이 일어났는지 몰라 어리둥절해했다. 그는 실험을 위한 '기니피그'가 되었던 것이다. 우리는 상대방이 무슨 말을 할지 짐작하기 때문에 오히려 듣는 데 집중하는 않는 경우가 많다. 뇌는 바로 그 '순간'에 다른 생각을 하느라 분주한데, 그로 인해 때때로 실수를 범한다.

쿼티 자판

오늘날 우리가 컴퓨터에서 사용하는 키보드 자판은 1872년에 처음으로 등장했다. 하지만 사실 최초의 타자기 특허는 1868년에 엔지니어 크리스토퍼 L. 숄스가 취득했다. 숄스는 시카고에서 북서쪽으로 약 150km 떨어진 미시간 호수 근처 위스콘신의 한 도시인 밀워키에서 태어났다.

최초의 타자기가 시중에 나왔을 때 곧바로 불편한 점이 발견되었다. 타자수가 너무 빨리 타이핑을 하면 키가 전부 뒤엉켜버렸던 것이다. 그래서 숄스는 타이핑에 약간의 '제동'을 걸 수 있는 자판을 설계하기 시작했다. 그렇게 해서 등장한 것이 바로 그 유명한 '쿼티 자판'이다. 오늘날까지도 계속 사용되고 있는 참으로 별난 그 보급용 키보드가 세상이라는 무대에 처음으로 등장하게 된 것이다. 숄스는 'sh' 'ck' 'th' 'pr'처럼 자주 함께 쓰이는 철자 쌍을 서로 반대편에 배치했다. 이것은 각 철자 자판들이 서로 쌍을 이루지 못하게 해서 철자 막대가 뒤엉키지 않게 하려는 의도였다.

1873년, 당시에 소총과 재봉틀을 제조하던 '레밍턴 앤 선즈' 회사는 숄스의 발명품에 관심을 가졌고, '느린' 자판으로 타이핑하는 타자기를 대량 생산하기 시작했다. 뛰어난 과학 저널리스트이자 생물학자인 카리나 마구레기가 이야기했던 것처럼, 타자수들은 그 자판을 배워야 했고 학교 또한 그 자판으로 가르칠 수밖에 없었다. 미국의 작가 마크 트웨인이 레밍턴 앤 선즈의 타자기를 구매하면서 그 매듭은 영원히 묶이고 말았다.

80년이 넘게 다른 유형의 자판이 제안되었지만 다시는 판도를 뒤집을 수 없었다. 그래서 오늘날에도 우리는 쿼티 자판을 사용하고 있다. 옛날과 똑같이 말이다.

수학자가 받는 질문

이미 앞에서 얘기했던 것처럼, 누군가에게 "수학이란 무엇입니까?"라고 묻는다면 대다수가 다음과 같이 대답할 것이다. "수의 과학 아닌가요?"(그리고 약간 두려워할 것이다. 자신의 대답이 옳은지 그른지 확신이 서지 않기 때문이다.)

더 안 좋은 상황도 있다. 학교에 다니는 아이들이 "수학을 전혀 이해하지 못하겠다"라며 포기하는 상황을 학부모도 그냥 그러려니 하고 받아들인다는 것이다. 물론 학부모들 자신이 수학에 어려움을 느꼈던 적이 있기 때문일 것이다. 그러니 아이들을 이해할 수밖에 없다. 하지만 이해하지 못한다고 자랑하는 경우는 몹시 드물다. 나는 사람들이 아무것도 모른다며 자랑하는 또 다른 예시를 알지 못한다. 여러분은 누군가가 "난 이것에 대해 아무것도 이해하지 못해"라며 자랑스럽게 말하는 사례를 알고 있는가?

아무튼, 수학자들이 받는 몇 가지 질문을 함께 살펴보자.

- 당신은 무슨 일을 합니까?
- 당신이 하는 일은 무엇을 위한 건가요?
- 항상 계산을 하고 있나요?
- 132×1,525는 얼마일까요?
- 로그를 아직도 사용하나요?
- 3.5 바로 뒤에 오는 수는 무엇인가요?

- π의 값은 얼마인가요?
- 3÷0은 1인가요, 0인가요, 3인가요?
- '똑바로 읽어도, 거꾸로 읽어도 같은 수'는 행운을 가져다주나요?
- 이성의 환심을 사는 것에 도움을 주는 수학이 있나요?
- 0도일 때는 온도가 없나요?
- 이 계산기를 아나요?
- 지금이 룰렛을 하기에 좋은 타이밍인가요?
- 수학자가 되려면 공부를 열심히 해야 하나요?
- 당신은 똑똑해요, 그렇죠?
- 이 숫자는 어떻게 읽나요? 52,739,839,303,030,393,873,736,353,535,353,322.
- 왜 그런 직업을 선택했나요?

이러한 목록은 계속될 수 있다. 이 책을 여기까지 읽은 사람이라면 다른 질문도 품고 있을 거라 확신한다. 속상한 점은, 수학이 무엇인지 제대로 전달해야 하는 의무를 우리가 성실하게 수행하지 못했다는 것이다. 우리는 수학이 가진 아름다움을 똑바로 보여주지 못했다.

투표는 가장 공정한 방법일까?

우리는 무엇을 결정할 때 '투표'가 가장 공정한 방법이라고 생각한다. 하지만 이 절에서 나는 정말로 그런지 생각해보려 한다.

한 국가의 대통령을 뽑아야 한다고 가정하자(물론 몇 가지 케이크 중에서 가장 마음에 드는 것을 골라야 하는 경우도 마찬가지이다). 모든 사람이 가장 공정하다고 생각하는 방법은 투표일 것이다. 그런데 다르게 생각하는 사람도 일부 있다.

(최근 투표 이론과 관련하여 중요한 결과를 입증한) 미국의 수학자 도널드 사리에 따르면 투표를 통해 원하는 어떤 선택이든 만들어낼 수 있다. 즉, 대중의 의지를 왜곡하여 원하는 선택을 만들 수 있다. 여러분은 잠재적 유권자가 생각하는 것이 무엇인지 대략적으로 알아야 한다(현재 오류율이 매우 낮은 설문 조사를 통해 알아낼 수 있다). 그러면 유권자는 자신이 자유롭게 투표한다고 믿더라도, 유권자들의 선택을 조작하는 '공식'을 만드는 것이 가능하다.

예를 들어보자. 인원수를 대폭 줄여서 유권자 30명과 후보자 3명이 있다고 해보자. 이 예시만 살펴보더라도 똑같은 논리를 일반화하기에 충분할 것이다. 자, 후보 3명은 각각 A, B, C이다. 유권자들의 선호도를 표시하기 위해 다음과 같은 표기법을 사용하겠다. 유권자들이 A와 B 중 하나를 선택해야 할 때 A를 선택하는 상황은 A 〉B로 표기할 것이다. A 〉B 〉C라고 쓰면, A와 B 중 하나를 선택해야 하면 A를 선택하고, B와 C 중에서는 B를 선택할 것이라는 의미이다. 그리고 A와 C 중 하나를 선택해야 한다면 A를 선택할 거라는 말이다. 이제 다음과 같은 상황을 살펴보자.

유권자 10명의 선호도는 A 〉B 〉C이다.
유권자 10명의 선호도는 B 〉C 〉A이다. (※)
유권자 10명의 선호도는 C 〉A 〉B이다.

즉, 세 후보 중 한 명을 선택해야 하는 경우에 유권자의 선호도 분포는 위와 같다. 이제 두 후보 중 한 명을 먼저 선택하고, 그 승자를 세 번째 후보와 겨루게 하기로 하자. 우리는 그 세 번째 후보 C를 대통령으로 만들려고 한다. 먼저 우리는 B가 A와 경쟁하도록 한다. (※)를 보면, 사람들이 A와 B 중 한 명을 선택해야 한다면 A가 20표 차이로 승리하리라는 것을 알 수 있다. 그런 다음 승리자 A와 C가 경쟁할 텐데, (※)를 보면 C가 승리함을 알 수 있다(역시 20표를 얻는다). 이렇게 우리는 원하던 결과를 얻었다.

만일 누군가가 A를 대통령으로 만들기로 했다고 하자. 그럼 먼저 B와 C가 대결하게 한다. 그럼 B가 이긴다. 이제 승자 B는 A와 경쟁한다. 그리고 (※)에 따라 A가 승리하고 대통령이 된다. 마지막으로 B가 대통령이 되기를 선호한다면, A를 C와 먼저 경쟁하게 한다. 사람들은 승자 C와 B 중에서 결국 B를 선택할 것이다. 각 선거에서 승자가 66%의 표(30표 중에 20표)를 얻었다는 점은, 거의 완승이라는 측면에서 주목할 만하다.

사리의 결과는 훨씬 흥미롭다. 예를 들어 더 많은 후보자가 있다면, 사람들이 B보다 A를 선호하는 상황에서도 B를 승자로 만들 수 있는 놀라운 공식이 있다고 주장하기 때문이다. 사리의 연구는 1995년 3월 산업응용수학협회에 발표한 "집계 역설에 대한 혼란스러운 탐구"라는 제목의 논문으로 발표되었다.

윤리적 맹세

부에노스아이레스 대학교 자연과학대학에서 공부한 학생이라면 누구든 졸업할 때 동료와 학장 앞에서 맹세를 해야 한다. 보통은 신과 조국을 위해 맹세한다. 신, 조국, 사복음에 맹세하기도 하고, 명예와 조국만을 위해 맹세하기도 한다. 수많은 형식이 있지만 지금 언급한 것들이 대표적이다.

1988년, 부에노스아이레스 대학교 자연과학대학에서는 천문학자 기예르모 A. 르마르샹에 의해 조직된 한 학생 집단이 대학연구기관 당국과 학생 센터의 지원을 받아 "과학자, 평화 그리고 군비축소"에 관한 국제 심포지엄을 조직했다. 냉전이 한창일 당시에 그 심포지엄에선 과학자들이 수행해야 할 사회적 역할과 궁극적으로 인류를 위험에 빠뜨릴 수 있는 지식 생성자로서의 책임이 논의되었다. 그리고 의사의 히포크라테스 선서와 유사한 졸업식 선서 형식이 확립되었다. 그 형식에 따라 자연과학대학 졸업생들은 평화를 위해 자신의 지식을 사용하기로 약속한다. 이 선서는 학생의 선택에 맡기는데, 다행히 졸업생의 90%가 그렇게 하기로 선택한다. 그 내용은 다음과 같다.

윤리적 통제가 없을 때 과학이 인간 사회에 악영향을 미칠 수 있음을 인식하면서, 여러분이 수행할 과학과 기술 연구가 인류의 이익과 평화를 위한 것임을 맹세합니까? 보상이나 명성을 우선시하지 않고, 고용주나 정치 지도자의 이익에 종속되지 않으며, 개인적인 신념과 확신에 따라 과학자로서 여러분의 능력이 인간의 존엄성을 해치는 데 일조하지 않을 것을 굳게 맹세합니까?

나는 이 선서가 자명하다고 생각한다. 이것은 상징적인 의미를 넘어 삶에 대한 태도이다.

5분과 5년의 이야기

한 남자가 자신이 소유한 공장에서 일하고 있었다. 그런데 갑자기 생산 라인의 핵심 기계가 작동을 멈췄다. 종종 발생하는 문제라서 이러한 상황에 익숙했던 남자는 자신이 문제를 해결할 수 있을지 확인해보았다. 기계에 사용되는 기름을 점검하며 전력 장치를 확인했고, 수동으로 엔진의 시동도 걸어보았다. 하지만 전혀 소용이 없었다. 기계는 여전히 작동하지 않았다. 남자는 진땀을 흘리기 시작했다. 기계를 반드시 작동시켜야 했다. 기계 작동의 퍼즐 조각이 빠진 바람에 생산 라인 전체가 멈추고 말았다.

몇 시간이 훌쩍 지났다. 나머지 공장 사람들이 기계를 들여다보고 있을 때, 공장 주인은 전문가를 부르기로 결정했다. 더는 시간을 낭비할 수 없었다. 그는 엔진 전문가인 엔지니어를 불렀다. 비교적 젊은 사람이 나타났다. 어쨌든 주인보다는 젊은 사람이었다. 전문가는 잠시 기계를 살펴보고 시동을 걸려고 했지만 작동하지 않았다. 그는 고장 난 부품에서 나오는 것으로 추정되는 소음을 듣고선 공구 상자를 열었다. 상자에서 드라이버를 꺼내서 엔진을 덮고 있는 뚜껑을 열고 정확한 지점을 손보았다. 그는 어떻게 해야 할지 알고 있었다. 몇 가지 부품을 조정하고 다시 시도했다. 이번에는 엔진에 시동이 걸렸다.

한결 침착해진 주인은 안도의 한숨을 내쉬었다. 그 기계뿐만 아니라 생산 라인 전체가 다시 가동되었다. 그는 엔지니어를 개인 사무실로 초대하고 커피 한 잔을 내밀었다. 사소한 주제로 담소를 나누기도 했지만 화제는 대체로 공장의 가동이었다. 이제 비용을 지불할 때가 되었다.

"얼마를 드리면 되죠?"

"1,500달러 주시면 됩니다."

남자는 거의 기절할 지경이었다.

"얼마라고 했죠? 1,500달러요?"

"네." 젊은이는 꿈쩍도 하지 않고 대답했다. "1,500달러입니다."

"내 말을 들어보십시오." 주인은 그에게 소리를 지르다시피 말했다. "겨우 5분 걸린 일에 어떻게 1,500달러를 지불하기를 바랍니까?"

"아닙니다, 사장님." 젊은이가 말했다. "5분과 5년의 공부가 있었습니다."[16]

내가 이 책을 쓴 이유

반복되는 이야기이다. 어디에서든, 누구와 함께든, 이유가 무엇이든, 수학을 향한 미움을 표출할 기회는 항상 있다는 걸 알고 있다. 왜 그럴까? 수학이 무슨 잘못을 했길래 그토록 많은 반발을 야기하는 걸까? 왜 그렇게나 평판이 안 좋은 걸까?

수학자로서 나는 이러한 질문에 자주 부딪힌다. 수학은 어디에 쓰이는가? 어떻게 사용되는가? 여러분도 비슷한 질문을 떠올려볼 수 있을 것이다. 설상가상으로 아이들(그리고 부모들)은 말한다. "아무것도 이해하지 못하겠어" "지루해" "나는 그거 잘 못해." 수학

16 또 다른 결말도 있다. "얼마라고 하셨죠? 1,500달러요? 계산서를 보내주시죠." 젊은이는 공장 주인에게 청구서를 보냈다. "바뀐 나사 비용: 1달러. 무슨 나사를 바꿀지 아는 비용: 1,499달러." 주인은 더 이상 항의하지 않고 값을 지불했다.

은 바로 이러한 것이다. 중고등학교에 만연한 관념이다.

학창 시절, 수학은 슬픈 순간과 동의어이다. 좌절과도 똑같다. 수학 문제보다 우리의 무력함을 더 잘 보여주는 것은 없었다. 시간이 조금 더 지나면 중고등학교에서 물리학과 화학의 문제와도 직면하지만, 본질적으로 가장 큰 어려움은 항상 수학과 관련이 있다.

정확한 통계는 모르겠지만 모든 중고등학교를 대상으로 다음처럼 질문한다면 주로 어떤 답이 나올지 나는 잘 알고 있다. 두 과목의 시험을 치러야 한다면 그중 하나가 수학일 가능성은 얼마나 될까? 80%? 더 될까? 나는 그 언저리일 거라 확신한다.

어떤 학생이든 이것이 현실임을 재빨리 알아차릴 것이다. 좋든 싫든, 관심이 있든 없든, 이미 일어나고 있는 일이다. 학생은(그리고 교사도) 수학을 공부하는 것이 자신에게 무슨 도움을 주는지 이해할 수도, 그러지 못할 수도 있다. 하지만 학생은 수학을 공부하는 이유를 알 필요가 있다.

생물학은 다르다. 복제에 대한 내용이 뉴스에 보도되고, 사람들은 DNA와 인간 유전체 해독에 대해 이야기한다. 지리학, 회계, 언어, 문법, 언어……. 이 모든 과목은 배우는 이유가 자명하다. 하지만 수학에게는 변호사가 없다. 수학은 항상 진다. 이미지도 좋지 않은 탓에 누군가가 수학을 공부하도록 이끄는 것은 이해할 수 없는 행동이 된다. 무엇을 위해서 그렇게 하는 것인가? 학생들의 부모도 동의한다. 자신 또한 학교에서 좋지 않은 경험을 했기 때문이다.

나의 결론은 분명하다. 수학에게 최악의 적은 우리 교사들이다.

우리는 학생들이 수학을 즐길 수 있도록 최소한의 호기심을 일깨우지 못하고 있기 때문이다. 수학에는 무한한 아름다움이 있지만 그것을 즐겨야 하는 사람이 정작 즐기지 못한다면 그 잘못은 가르치는 사람에게 있다.

생각하는 법, 문제를 발굴하는 법, 해결책을 찾을 수 없어도 기꺼이 도전으로 삼는 법을 가르치는 것은 교사의 임무이다. 단순히 실용적인 문제가 아니다. 수학의 중요성을 납득시키기 위해 실용을 내세우는 것에는 찬성하지 않는다. 전혀 그렇지 않다. 생각을 이끌어내고, 미지의 것을 드러내며, 그것에 도전하는 마법과 같은 순간에 대해 말하고 있는 것이다.

감사의 말

먼저 디에고 골롬벡에게 감사를 표한다. 그가 없었더라면 이 책도 나오지 못했을 것이다. 나의 학생들에게도 감사한다. 그들에게 큰 가르침을 받았고, 교육이 무엇인지 알게 되었다. 친구들에게도 고맙다. 나에게 아낌없는 사랑을 주었다. 사랑은 내가 중요하게 여기는 유일한 것이다. 카르멘 세사, 알리시아 디켄스테인, 미겔 에레라, 발도메로 루비오 세고비아, 에두아르도 두북, 카를로스 디안드레아, 크리스티안 추바라, 엔소 헨틸레, 앙헬 라로톤다, 루이스 산탈로에게 감사한다.

원고를 읽고 쓴소리를 해준 분들, 제라르도 가르불스키, 알리시아 디켄스테인, 카를로스 디안드레아에게도 감사의 말을 전한다. 일생을 윤리적으로 살아온 마르셀로 비엘사, 알베르토 코른블리트, 빅토르 우고 모랄레스, 오라시오 베르비츠키에게도 감사한다. 그들 덕분에 나는 더 나은 사람이 되었다.

해법

1. 힐베르트 호텔 문제에 대한 해결책

① 한 사람 대신 두 사람이 도착하면 프런트 직원은 다음처럼 일을 처리해야 한다. 1번 방 고객은 3번 방으로, 2번 방 고객은 4번 방으로, 3번 방 고객은 5번 방으로, 4번 방 고객은 6번 방으로……. 이러한 식으로 옮겨달라고 요청해야 한다. 즉, 옆 옆방으로 이동해달라고 요청하는 것이다. 그리고 이제 막 도착한 새로운 여행객 2명에게 처음 두 방을 제공하면 된다.

② 2명이 아니라 100명이 도착하면 프런트 직원은 다음처럼 일을 처리해야 한다. 1번 방 고객은 101번 방으로, 2번 방 고객은 102번 방으로, 3번 방 고객은 103번 방으로……. 이러한 방식으로 방을 옮겨달라고 요청한다. 즉, 각자의 방에서 정확히 100번째에 있는 방으로 이동하는 것이 해결 방법이다. 그리고 새로운 여행객이 오면 1번부터 100번까지 빈방을 제공하면 된다.

③ 이 문제 또한 ①, ②를 해결할 때 도입한 아이디어로 해결할 수 있다. 새로운 여행객이 n명이라면, 이미 방에 들어가 있는 여행객이 각자 다음 n번째 방으로 이동한다. 즉 누군가 x번 방에 있다면, 그를 $(x+n)$번 방으로 옮긴다. 그럼 새로 도착하는 여행객을 위한 n개의 방이 생긴다. 그럼 두 번째 질문은 어떨까? 여행객의 수와 무관하게 문제를 해결할 수 있을까? 대답은 '예'이다. 얼마나 많은 사람들이 도착하든 우리가 살펴본 방법으로 해결할 수 있다.

④ 마지막으로 무한한 수의 여행객이 새로 도착한다면 어떻게 해야 할까? 한 가지 방법은 다음과 같다. 1번 방 고객은 2번 방으로, 2번 방 고객은 4번 방으로, 3번 방 고객은 6번 방으로, 4번 방 고객은 8번 방으로, 5번 방 고객은 10번 방으로……. 이러한 방식으로 방을 옮겨달라고 요청한다. 즉, 각자 원래 묵고 있던 방 번호의 배수 번호인 방으로 이동한다. 그럼 이제 막 도착한 여행객은 모두 홀수 번호인 방에 묵게 하면 된다. 원래 있던 여행객은 이제 모두 짝수 번호 방을 차지하고 있기 때문이다.

교훈: 무한집합은 매우 독특한 특징이 있다. 그중에서도 가장 직관에 반하는 것은 한 집합에 '포함된' 부분집합이 전체 집합과 동일한 수의 원소를 갖는다는 것이다. 우리는 "다양한 종류의 무한"이라는 절에서 이 주제에 대해 충분히 생각해볼 것이다.

2. 1 = 2의 모순 문제에 대한 해결책

이 논리는 어느 지점까지는 완벽하다. 바로 다음 부분이 문제이다.

각 변에서 공통인수를 빼서 정리하면,

$$2a(a-b) = a(a-b)$$

그러고 나서 양쪽 모두를 $(a-b)$로 나누면 결과는 다음과 같다.

$$2a = a$$

여기서 잠깐. 양변을 $(a-b)$로 나눌 수 있을까? '나누기'가 무엇을 뜻하는지, 그리고 어떤 수로든 항상 나눌 수 있는지 살펴보자.

예를 들어, 10 = 4 + 6라는 식을 다음처럼 정리하자.

$$2 \times 5 = 2 \times 2 + 2 \times 3$$

$$2 \times 5 = 2(2+3) \qquad (※)$$

양변을 2로 나눠보자.

$$5 = (2+3) \qquad (※※)$$

보다시피, 이 경우에는 (※)의 등식이 (※※)에서도 유효하다.

자, 이제 다음과 같은 일반적인 식이 있다고 하자.

$$a \times b = a \times c$$

이 식은 양변을 항상 a로 나눌 수 있을까? 다시 말해, 공통인수 a를 제거할 수 있을까? a로 나눈 결과인 $b = c$라는 등식은 항상 유효한가?

다음의 예시를 살펴보자.

$$0 = 2 \times 0 = 3 \times 0 = 0 \qquad (※※※)$$

2×0과 3×0이 모두 0이므로 등식 (※※※)은 성립한다. 그런데 다음 등식에서 공통인수 0을 제거할 수 있을까?

$$2 \times 0 = 3 \times 0$$

앞에서 양변을 2로 나눠 공통인수를 제거했던 것과 똑같은 방식으로 0을 제거해보자.

$$2 = 3$$

이 등식은 명백히 거짓이다. 그렇다면, 공통인수를 제거하려면 그 인수가 0이 아니어야 한다는 조건이 있어야 할 것이다. 즉, 우리는 '0으로 나누는 것은 불가능하다'는 명제를 다시 한번 맞닥뜨린다.

이제 1 = 2라는 추론은 무의미해진다. 우리는 제일 처음 $a = b$라고 가정했는데, 그렇다면 등식의 양변을 $(a - b)$로 나눈다는 것은 0으로 나눈다는 뜻이기 때문이다.

3. 1,001의 소인수분해 문제에 대한 해결책

$$1{,}001 = 7 \times 143 = 11 \times 91$$

이 결과는 산술의 기본정리에 어긋나는 것처럼 보인다. 1,001이 두 가지 다른 방식으로 소인수분해가 되는 것처럼 보이기 때문이다. 하지만 해결의 열쇠는 143과 91 모두 소수가 아니라는 점에 있다.

$$143 = 11 \times 13$$
$$91 = 7 \times 13$$

정리는 여전히 살아 숨 쉰다.

4. 유리수와 자연수를 짝짓는 방법

0/1과 1을 짝짓는다.
1/1과 2를 짝짓는다.
-1/1과 3을 짝짓는다.
1/2과 4를 짝짓는다.
-1/2과 5를 짝짓는다.

2/2와 6을 짝짓는다.

-2/2와 7을 짝짓는다.

2/1와 8을 짝짓는다.

-2/1와 9를 짝짓는다.

3/1과 10을 짝짓는다.

-3/1과 11을 짝짓는다.

3/2과 12를 짝짓는다.

–3/2과 13을 짝짓는다.

3/3과 14를 짝짓는다.

-3/3과 15를 짝짓는다.

2/3와 16을 짝짓는다.

-2/3와 17을 짝짓는다.

1/3과 18을 짝짓는다.

-1/3과 19를 짝짓는다.

1/4과 20을 짝짓는다.

-1/4과 21을 짝짓는다.

2/4와 22를 짝짓는다.

-2/4와 23을 짝짓는다.

3/4과 24를 짝짓는다.

-3/4과 25를 짝짓는다.

4/4와 26을 짝짓는다.

그리고 이렇게 계속 이어진다.

5. 선분 위의 점 문제에 대한 해결책

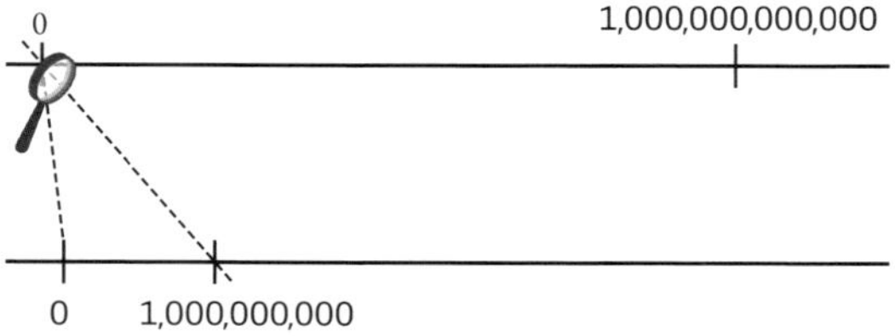

6. 동전 던지기 문제에 대한 해결책

동전의 앞면이 나올 확률은 P, 뒷면이 나올 확률은 Q라고 가정하자. 해결책을 살펴보기에 앞서, 이 동전을 연속으로 두 번 던지면 무슨 일이 일어날지 분석해보자. 가능한 경우로 어떤 것들이 있을까?

① 앞면 – 앞면
② 앞면 – 뒷면
③ 뒷면 – 앞면
④ 뒷면 – 뒷면

즉, 가능한 경우의 수는 총 네 가지이다. (앞면 – 앞면)이 나올 확률은 얼마일까? $P \times P = P^2$일 것이다. 동전을 두 번 연속으로 던지는 사건은 서로 독립적이기 때문에 각 확률을 곱하면 된다.

이것이 명확하다면 위의 각 사건이 발생할 확률을 계산해보자.

① 앞면 – 앞면이 나올 확률 $= P^2$
② 앞면 – 뒷면이 나올 확률 $= P \times Q$
③ 뒷면 – 앞면이 나올 확률 $= Q \times P$

④ 뒷면 – 뒷면이 나올 확률 = Q^2

그렇다면 이 동전으로 공정한 내기를 하려면 어떻게 해야 할까? 동전을 두 번 던지고 참가자에게 (앞면 – 뒷면) 혹은 (뒷면 – 앞면) 중 하나를 선택하도록 요청하면 된다. ②와 ③에서 볼 수 있듯이 두 확률이 동일하기 때문이다($P \times Q = Q \times P$).

만일 (앞면 – 앞면) 혹은 (뒷면 – 뒷면)이 나오면 어떻게 해야 할까? 다시 한번 동전을 두 번 던져서 내기를 새로 시작하면 된다.

7. 수평적 사고 문제에 대한 해결책

① 엘리베이터를 탄 사람 문제

이 사람은 왜소증을 앓고 있는 게 분명하다. 엘리베이터에서 10층을 누르지 못하기 때문에 엘리베이터로는 자신의 집까지 도달할 수가 없다.

② 술집에 있는 사람 문제

손님은 딸꾹질이 났을 것이다. 바텐더는 그를 깜짝 놀라게 하기 위해서 총을 꺼냈다. 총은 딸꾹질을 멈추게 하기에 충분했고, 따라서 손님은 고마워하며 자리를 떴을 것이다.

③ 자기 목을 조른 사람 문제

이 사람은 거대한 얼음덩어리 위에 올라간 후 목을 매단 게 분명하다. 얼음은 녹아내려 사라졌을 것이다.

④ 허허벌판에서 죽은 사람 문제

이 사람은 낙하산을 매고 비행기에서 뛰어내렸지만 불행하게도 낙하산이 열리지 않았다. 죽은 사람 옆에 있던 꾸러미가 바로 그 열리지 않은 낙하산이다.

⑤ 우편으로 도착한 팔 문제

세 사람이 무인도에 갇혔다. 굶주림에 절망한 그들은 각자의 왼쪽 팔을 절단하여 먹기로 결정했다. 그들은 무슨 일이 있어도 각자 팔 한쪽을 자르겠다고 맹세했다. 그들 중 한 명은 의사였고, 그가 바로 두 동료의 팔을 자른 장본인이었다. 그런데 팔을 두 개째 다 먹어갈 무렵 구조대가 도착했다. 하지만 맹세는 여전히 유효했기 때문에 의사는 자신의 팔을 절단하여 두 동료에게 보냈다.

⑥ 레스토랑에서 뛰쳐나와 총을 쏜 사람 문제

사실 이 두 사람은 아들 한 명과 함께 배를 타고 여행을 하다가 그만 배가 난파되었다. 이 사고로 아들이 죽고 말았다. 레스토랑에서 알바트로스 요리를 맛본 아버지는 자신이 한 번도 느껴보지 못한 맛이라는 사실을 깨닫고 무인도에서 무슨 일이 있었는지 알게 되었다. 그는 무인도에서 동료가 요리해준 알바트로스 고기를 먹었다고 믿었는데, 사실은 알바트로스가 아니라 자신의 아들이었던 것이다.

⑦ 소식을 전달받은 남자 문제

그 남자는 병원 계단을 내려오고 있었다. 그런데 갑자기 전기가 나갔다. 그는 병원에 발전 장치가 없다는 것을 알고 있었다. 아내에겐 전기로 작동하는 인공 호흡기가 연결되어 있었다. 남자는 전기가 끊겼다는 것을 알자마자 그것이 필연적으로 아내의 죽음을 암시한다는 사실을 깨닫게 되었다.

⑧ 음악이 멈추자 죽은 여자 문제

그 여자는 서커스 줄타기 곡예사였다. 여자가 손에 봉을 들고 얼굴을 가린 채 줄을 탔다. 오케스트라의 지휘자가 음악을 멈추면 그것이 바로 그녀가 목적지에 도착했다는 신호였다. 한 번은 지휘자가 아파서, 그러한 신호를 알지 못하는 다른 지휘자로 대체되었다. 오케스트라의 음악이 더 일찍 멈췄다. 여자는 자신이 안전하다고 믿고 예기치 못한 행동을 했다. 음악이 멈추자 줄에서 떨어졌던 것이다.

⑨ 자매를 죽인 여자 문제

두 여자는 서로에게 유일한 가족이었다. 그중 한 명이 장례식에서 남자와 첫눈에 사랑에 빠졌다. 그를 다시 어떻게 찾아야 할까? 그가 가족 중 누군가를 알고 있다는 것만은 분명했다. 어머니 장례식에 찾아왔으니까. 그렇다면 그를 다시 만날 수 있는 유일한 방법은 새로운 장례식일 것이다. 따라서 여동생을 죽였다.

8. 3개의 전등 스위치 문제에 대한 해결책

어떤 스위치든 하나를 켜고 15분 동안 기다린다. 그다음에 그 스위치를 끄고, 다른 두 스위치 중 하나를 켠다. 그리고 바로 방으로 들어간다. 만약 불이 켜져 있다면, 우리가 찾고 있는 스위치가 두 번째 스위치라는 것을 곧바로 알 수 있다. 만약 불이 꺼져 있지만 전구가 뜨겁다면, 정답은 첫 번째 스위치이다. 15분 동안 전구에 불이 들어왔기 때문이다. 마지막으로, 불이 꺼져 있고 전구를 만졌을 때 뜨겁지 않다면, 한 번도 켜지 않은 세 번째 스위치가 정답이라는 뜻이다.

9. 테니스 토너먼트 참가자 128명 문제에 대한 해결책

모든 참가자를 둘씩 짝지어 첫 번째 라운드를 진행한다. 그럼 참가자 절반이 사라지고 64명만 남게 된다. 다시 둘씩 짝짓고 두 번째 라운드로

32번의 경기를 진행한다. 이런 방식으로 계속 경기를 진행한다. 최종 우승자가 나오면 지금까지 경기를 몇 번 했는지 세면 된다.

그러나 나는 여러분이 이 문제를 다른 방식으로 생각해보길 권한다. 1명이 탈락하려면 경기를 1번 치러야 한다. 따라서 참가자가 총 128명이고 마지막에 1명이 남았다면, 즉 나머지 127명이 탈락했다면 경기를 총 127번 치른 것이다. 각 경기에는 정확히 승자와 패자가 1명씩 있기 때문이다.

결론: 정확히 127번의 경기를 치렀다.

만일 앞선 방식으로 경기를 했더라도 결과는 똑같다. 첫 번째 라운드에서 64번, 두 번째 라운드에서 32번, 세 번째 라운드에서 16번, 네 번째 라운드에서 8번, 다섯 번째 라운드에서 4번, 여섯 번째 라운드에서 2번, 마지막 결승전에서 1번. 이 모든 경기의 횟수를 합하면 다음과 같다.

$$64 + 32 + 16 + 8 + 4 + 2 + 1 = 127$$

참가자가 128명밖에 없다면 이렇게 계산해도 괜찮다. 하지만 참가자가 1,024명이라면 두 번째 방식으로 생각해보는 게 도움이 될 것이다. 이 경우 치러야 하는 경기의 수는 총 1,023번이 될 것이다.

10. 술집에 들어간 세 사람 문제에 대한 해결책

세 사람은 각자 10달러씩 주머니에 넣고 술집에 들어왔다. 25달러를 음식 값으로 지불해야 했다. 각자 10달러씩 내놓았고 웨이터가 30달러를 가져갔다. 웨이터는 1달러짜리 지폐 5장을 거스름돈으로 가지고 돌아왔다. 세 사람은 각자 1달러씩 가져갔고 남은 2달러를 웨이터에게 주었다. 즉 1인당 9달러를 지불했으니 총 27달러를 지불한 셈이다. 이 금액은 정확히 음식 값(25달러)과 팁(2달러)을 더한 것이다!

이때 세 사람이 각자 9달러씩, 여기에 팁 2달러를 더해 총 29달러를 지불했다고 말하는 것은 옳지 않다. 왜냐하면 실제로 음식 값에 팁을 더하면 27달러이고, 이 금액이 바로 세 사람이 지불한 것이기 때문이다. 각자 낸 9달러에 3을 곱한 27달러라는 결과에는 이미 팁이 포함되어 있다. 그런데 본문에서는 여기에 팁 2달러를 중복으로 더했기 때문에 착각을 유발한 것이다.

11. 공통 조상 문제에 대한 해결책

6조 명이라는 결과는 각 조상이 수많은 자녀와 손자를 가질 수 있다는 점을 고려하지 않았기 때문에 나온 것이다. 예를 들어, 내 여동생 라우라와 나는 같은 조상을 공유한다. 우리 둘 다 같은 부모, 같은 조부모, 같은 증조부모가 있다.

250년 전만 해도 나의 조상으로 1,000명이 넘는 사람이 있었다는 것도 사실이지만, 내가 알지도 못하는 다른 사람들과 그 조상을 공유한 것도 사실이다. 예를 들어, 만약 여러분이 누군가와 똑같은 증조부모를 가졌다면, 약간의 계산을 통해 1,024명의 조상 중 128명을 공유한다는 걸 알 수 있다.

이런 상황은 당연히 조상의 수를 엄청나게 감소시킨다. 서로 모르는 두 사람이 엄청나게 많은 조상을 공유하기 때문이다.

12. 몬티 홀 문제에 대한 해결책

모든 가능성을 철저히 살펴보자. 다음처럼 세 가지 경우가 가능하다.

	1번 문	2번 문	3번 문
첫 번째 경우	자동차	염소	염소
두 번째 경우	염소	자동차	염소
세 번째 경우	염소	염소	자동차

우리가 첫 번째 경우에 해당한다고 가정하자.

가능성 1:

1번 문을 선택한다. 진행자는 2번 문을 연다.
문을 바꾸면 진다.
문을 바꾸지 않으면 이긴다.
진행자가 3번 문을 열었더라도 결과는 똑같다.

가능성 2:

2번 문을 선택한다. 진행자는 3번 문을 연다.
문을 바꾸면 이긴다.
문을 바꾸지 않으면 진다.

가능성 3:

3번 문을 선택한다. 진행자는 2번 문을 연다.
문을 바꾸면 이긴다.
문을 바꾸지 않으면 진다.

결과적으로, 문을 바꾸면 이기는 경우가 두 번, 문을 바꾸지 않으면 이기는 경우가 한 번이다. 즉, 문을 바꿀 때가 승리할 확률이 2배 더 높다.

13. 맨홀 뚜껑 상식 문제에 대한 해결책

맨홀 뚜껑은 매우 무거운 철로 두껍게 만들기 때문에, 만약 뚜껑 안으로 떨어진다면 그 아래에서 작업하던 사람이 심하게 다칠 수 있다. 뚜껑이 떨어지지 않게 막아주는 유일한 기하적 형태는 둥근 모양이다. 예를 들어 정사각형이라면 한 변이 대각선보다 짧기 때문에 구멍 속으로 쉽게 빠질 수 있다. 따라서 안전성 때문에 둥근 뚜껑을 사용한다는 것이 답이다.

14. 아인슈타인의 수수께끼에 대한 해결책

우선 다음처럼 표를 작성해보자.

1	2	3	4	5	덴마크인
1	2	3	4	5	독일인
1	2	3	4	5	영국인
1	2	3	4	5	스웨덴인
1	2	3	4	5	노르웨이인

1	2	3	4	5	빨간색
1	2	3	4	5	파란색
1	2	3	4	5	초록색
1	2	3	4	5	노란색
1	2	3	4	5	하얀색

1	2	3	4	5	강아지
1	2	3	4	5	고양이
1	2	3	4	5	새
1	2	3	4	5	말
1	2	3	4	5	물고기

1	2	3	4	5	폴몰 담배
1	2	3	4	5	블렌드 담배
1	2	3	4	5	던힐 담배
1	2	3	4	5	프린스 담배
1	2	3	4	5	블루매스터 담배

1	2	3	4	5	맥주
1	2	3	4	5	물
1	2	3	4	5	우유
1	2	3	4	5	차
1	2	3	4	5	커피

1부터 5까지의 숫자는 각 위치에 세워진 집을 의미한다. 우선 덴마크인은 차를 마시기 때문에 중앙(3번 집)에 살 수 없다(왜냐하면 중앙의 집은 우유를 마시기 때문이다). 따라서 덴마크인 표에서 숫자 3을 지운다.

독일인은 프린스 담배를 피우기 때문에, 노르웨이인은 프린스 담배를 필 수 없다. 노르웨이인=1이므로(첫 번째 집에 살기 때문에) 프린스 담배 표에서 숫자 1을 지운다.

노란색=던힐 담배이고 파란색=2이므로 파란색의 숫자는 던힐 담배의 숫자와 다르다. 즉, 던힐 담배는 2가 될 수 없다. 따라서 던힐 담배 표에서 숫자 2를 지운다.

블루매스터 담배=맥주이므로 블루매스터 담배는 3이 아니다(우유=3이기 때문에).

초록색=커피이므로 초록색은 3이 아니다.

노르웨이인=1이고 파란색=노르웨이인+1=2이다. 또 영국인=빨간색이다. 따라서 영국인은 2와 다르다. 영국인=빨간색이고 영국인은 1이나 2가 될 수 없기 때문에, 빨간색 또한 1이나 2가 될 수 없다.

스웨덴인=강아지이고 스웨덴인은 1이 아니므로 강아지 또한 1이 아니다.

덴마크인=차이고 덴마크인은 1이 아니므로 차 또한 1이 아니다.

초록색=커피이고 초록색은 2, 3, 5가 아니므로 커피 또한 2, 3, 5가 아니다.

노르웨이인=1이고 파란색=노르웨이인+1이므로 파란색=2이다.

블렌드 담배=물+1 또는 물−1이며, 물은 3이 될 수 없다. 그렇다면 가능한 경우는 다음과 같다.

① 만약 물=1이라면, 블렌드 담배=2

② 만약 물=2라면, 블렌드 담배=1 또는 3

③ 만약 물=4라면, 블렌드 담배=5 또는 3

④ 만약 물=5라면, 블렌드 담배=4

그리고 다음과 같은 추가적인 사실을 정리할 수 있다.

초록색은 하얀색보다 1만큼 작다.

초록색=커피

폴몰 담배=새

블루매스터 담배=맥주

빨간색=영국인

스웨덴인 = 강아지

덴마크인 = 차

블렌드 담배 = 고양이 − 1 또는 고양이 + 1

말 = 던힐 담배 − 1 또는 던힐 담배 + 1

독일인 = 프린스 담배

노란색 = 던힐 담배

자, 이제 모든 사항을 종합해서 검토해보자. 영국인 = 빨간색이라는 분석으로부터 초록색은 4 또는 1이라는 사실이 도출된다. 그런데 초록색은 하얀색보다 1만큼 작으므로, 초록색이 1이 될 순 없다. 그렇다면 초록색 = 4이고, 하얀색 = 5이다. 이로부터 빨간색 = 3이고 노란색 = 1이라는 결론이 난다.

노란색 = 1

파란색 = 2

빨간색 = 3

초록색 = 4

하얀색 = 5

이제 블루매스터 담배는 2 또는 5일 수 있다. 만약 블루매스터 담배가 2라면, 블루매스터 = 맥주이기 때문에 맥주 = 2, 차 = 5, 물 = 1이 된다. 그런데 블렌드 담배는 물을 마시는 사람과 이웃이므로 블렌드 담배 = 2가 된다. 그렇다면 블루매스터 담배와 겹치므로 모순이다.

결국 블루매스터 담배 = 5, 맥주 = 5, 차 = 2이다. 이로부터 프린스 = 4, 폴몰 담배 = 3, 새 = 3, 말 = 2, 스웨덴인 = 5라는 결론이 도출된다. 최종 결과를 찾을 때까지 전부 따져보면 다음과 같다.

1번 집	2번 집	3번 집	4번 집	5번 집
노란색	파란색	빨간색	초록색	하얀색
고양이	말	새	물고기	강아지
노르웨이인	덴마크인	영국인	독일인	스웨덴인
던힐 담배	블렌드 담배	폴몰 담배	프린스 담배	블루매스터 담배
물	차	우유	커피	맥주

15. 촛불 문제에 대한 해결책

양초 하나를 들고 양쪽 끝에 불을 붙인다. 동시에 다른 양초에도 불을 붙인다. 첫 번째 양초가 다 타는 데 총 30분이 걸린다. 그 말은 두 번째 양초가 다 탈 때까지도 역시 30분이 남았다는 뜻이다. 그 순간 두 번째 양초의 다른 한쪽 끝에도 불을 붙인다. 두 번째 양초가 모두 타는 순간이 바로 15분이 경과한 시점이다.

16. 모자 문제 1부에 대한 해결책

C는 어떻게 자신이 흰 모자를 쓰고 있다고 대답할 수 있었을까? C가 한 일이라고는 조용히 생각하는 것뿐이었다. 처음에 C는 자신이 검은 모자를 쓰고 있다고 가정했다. 그러고 나서 추론을 통해 자신이 검은 모자를 쓰고 있다면 A나 B가 먼저 답을 말해야 했다는 것을 깨달았다. 그런데 그 둘이 대답을 하지 못했으니 자신의 모자는 하얀색이라고 추론했던 것이다.

C의 추론은 다음과 같다.

“내가 검은 모자를 쓰고 있다면, 그 전에 무슨 일이 일어났을까? A는 대답할 수 없었다. 당연하다. B는 흰 모자를 썼고 내가 검은 모자를 썼으니 답을 맞힐 수 없기 때문이다. A가 추론할 수 있는 건 아무것도 없다. 하지만 B는 추론할 수 있다! 왜냐하면 B는 A가 아무 대답도 못 하는 것을 보고 있었기 때문이다. 만일 B가 검은 모자를 썼다면(그리고 내가 검은 모자를 썼다면) A는 자신의 모자가 흰색이라고 대답했을 것이다. 하지만 A는 대답하지 않았다. 따라서 B는 자신의 모자가 흰색임을 알아내서 자기 차례에 대답을 했어야 했다. 하지만 B도 대답하지 못했다. 이것은 B가 본 내 모자가 흰색이라는 뜻이다."

결론: C가 검은 모자를 쓰고 있었다면 A나 B가 더 일찍 대답할 수 있었을 것이다. 하지만 아무도 그렇게 하지 않았다. C가 흰 모자를 쓰고 있었기 때문이다.

17. 모자 문제 2부에 대한 해결책

50%의 전략을 개선하기 위해선 어떻게 해야 할까? A, B, C가 받을 모자의 경우의 수를 다음처럼 따져보자.

A	B	C	
흰색	흰색	흰색	
흰색	흰색	검은색	
흰색	검은색	흰색	
흰색	검은색	검은색	
검은색	흰색	흰색	(※)
검은색	흰색	검은색	
검은색	검은색	흰색	
검은색	검은색	검은색	

세 사람이 세운 전략은 다음과 같다. "교도소장이 우리 중 한 명에게 모

자의 색깔을 물으면, 다른 두 사람의 모자 색깔을 본다. 만약 색깔이 서로 같다면 반대 색을 선택한다. 서로 다르다면 통과한다."

이 전략을 도입하면 무슨 일이 일어나는지 함께 살펴보자.

	A	B	C	
①	흰색	흰색	흰색	
②	흰색	흰색	검은색	
③	흰색	검은색	흰색	
④	흰색	검은색	검은색	
⑤	검은색	흰색	흰색	(※)
⑥	검은색	흰색	검은색	
⑦	검은색	검은색	흰색	
⑧	검은색	검은색	검은색	

이 8가지 가능성 중에서 어떤 경우가 석방으로 이어지는지 살펴보자. ①에서 A는 같은 색의 모자(흰색) 두 개를 보고 자신의 모자가 검은색이라고 말한다. 그리고 아무도 석방되지 못한다. ②에서 A는 서로 다른 색의 모자를 보고 통과한다. B 역시 다른 색을 보고 통과한다. 하지만 C는 A와 B가 흰색 모자를 쓰고 있는 걸 보았기 때문에 검은색이라고 말하고 석방된다. ③에서 A는 서로 다른 색깔을 보고 통과한다. B는 둘 다 똑같은 흰색을 쓰고 있는 걸 보고 검은색을 선택하고 석방된다. ④에서 A는 같은 색깔 모자를 보고 흰색을 선택하고 석방된다. 비슷하게 나머지 경우도 따져보면 ⑤, ⑥, ⑦에서 석방되고 ⑧에서 석방되지 못함을 알 수 있다.

결과적으로 8가지 중 6가지가 석방이다. 그렇다면 석방 확률은 3/4, 즉 75%로, 50%의 전략이 완벽하게 개선되었다.

18. 행성을 오가는 메시지 문제에 대한 해결책

K	+(더하기)	Y	≈(거의 같음)
L	=(등호)	Z	π
M	−(빼기)	A	1
N	0(영)	B	2
P	×(곱하기)	C	3
Q	÷(나누기)	D	4
R	제곱	E	5
S	100	F	6
T	1,000	G	7
U	0.1	H	8
V	0.01	I	9
W	.	J	10

메시지: $(4/3)\pi(0.0092)^3$

이 암호 코드는 해독하는 존재가 논리를 이해할 만큼 '지능적'이라고 가정하고 만들어진 것이다. 다시 말해, 해독하는 존재는 문자, 숫자, 기호를 알 필요가 없다. 문자가 도입되긴 했지만, 다른 상징 기호를 사용할 수도 있다.

덧붙일 것이 있다. $(4/3)\pi r^3$은 반지름이 r인 구의 부피를 뜻한다. 이 공식의 의미는 어떤 기호를 사용하든 상관없이 똑같다. 상수 π 역시, 문자에 따라 달라지지 않고 원주의 둘레와 지름의 비에서 도출되는 값을 가진다.

0.0092는 무슨 의미일까? 이 메시지의 목적은 이 암호가 지구에서 왔다는 사실을 해독자에게 알리는 것이다. 어떻게 알릴 수 있을까? 지구의 지름은 약 12,750km이다. 그러나 이 수치를 그대로 쓸 수는 없다. 코드를

읽는 존재는 킬로미터라는 단위를 모를 수 있기 때문이다. 따라서 누군가가 다른 존재에게 지구나 태양의 지름을 알려주고 싶다면, 킬로미터처럼 특별히 정해진 단위 없이 전달할 수 있어야 한다. 자, 생각해보자. 만약 둘 사이의 관계만 전해도 괜찮다면 (특별한 단위 없이) 그 둘 사이의 비율이 무엇인지만 알려줘도 충분하다.

이 비율이 바로 0.0092의 의미이다. 이제 지구의 지름을 태양의 지름(1,392,000km)으로 나눠보자. 그 비율은 0.0092이다(실제 값은 0.00911034……). 만약 암호 해독자가 다른 모든 행성의 지름과 태양의 지름 사이의 비율을 계산해본다면, 0.0092가 지구의 지름을 뜻한다는 사실을 알 수 있을 것이다. 인류가 지구로부터 메시지를 보냈다는 사실을 알게 되는 것이다!

19. 지능 검사 문제에 대한 해결책

누락된 수는 215이다.

우선 첫 번째 행을 보자. 54와 36. 바깥쪽 두 수의 합은 (5 + 6) = 11이다. 안쪽 두 수의 합은 (4 + 3) = 7이다. 이런 식으로 117을 얻는다. 바깥쪽 수의 합과 안쪽 수의 합을 결합한 것이다.

두 번째 행에서도 똑같이 해보자. 72와 28에서 바깥쪽 두 수를 더하면 (7 + 8) = 15이고, 안쪽 두 수를 더하면 (2 + 2) = 4이다. 결과적으로 154를 얻는다.

세 번째 행도 마찬가지이다. 39와 42에서 바깥쪽 두 수를 더하면 (3 + 2) = 5이고, 안쪽 두 수를 더하면 (9 + 4) = 13이다. 따라서 513을 얻는다.

이제 18과 71에서 바깥쪽 두 수를 더하면 (1 + 1) = 2이고, 안쪽 두 수를 더하면 (8 + 7) = 15이다. 따라서 누락된 수는 215이다.

부록: 이진법 카드

1	33	65	97	129	161	193	225
3	35	67	99	131	163	195	227
5	37	69	101	133	165	197	229
7	39	71	103	135	167	199	231
9	41	73	105	137	169	201	233
11	43	75	107	139	171	203	235
13	45	77	109	141	173	205	237
15	47	79	111	143	175	207	239
17	49	81	113	145	177	209	241
19	51	83	115	147	179	211	243
21	53	85	117	149	181	213	245
23	55	87	119	151	183	215	247
25	57	89	121	153	185	217	249
27	59	91	123	155	187	219	251
29	61	93	125	157	189	221	253
31	63	95	127	159	191	223	255

2	34	66	98	130	162	194	226
3	35	67	99	131	163	195	227
6	38	70	102	134	166	198	230
7	39	71	103	135	167	199	231
10	42	74	106	138	170	202	234
11	43	75	107	139	171	203	235
14	46	78	110	142	174	206	238
15	47	79	111	143	175	207	239
18	50	82	114	146	178	210	242
19	51	83	115	147	179	211	243
22	54	86	118	150	182	214	246
23	55	87	119	151	183	215	247
26	58	90	122	154	186	218	250
27	59	91	123	155	187	219	251
30	62	94	126	158	190	222	254
31	63	95	127	159	191	223	255

4	36	68	100	132	164	196	228
5	37	69	101	133	165	197	229
6	38	70	102	134	166	198	230
7	39	71	103	135	167	199	231
12	44	76	108	140	172	204	236
13	45	77	109	141	173	205	237
14	46	78	110	142	174	206	238
15	47	79	111	143	175	207	239
20	52	84	116	148	180	212	244
21	53	85	117	149	181	213	245
22	54	86	118	150	182	214	246
23	55	87	119	151	183	215	247
28	60	92	124	156	188	220	252
29	61	93	125	157	189	221	253
30	62	94	126	158	190	222	254
31	63	95	127	159	191	223	255

8	40	72	104	136	168	200	232
9	41	73	105	137	169	201	233
10	42	74	106	138	170	202	234
11	43	75	107	139	171	203	235
12	44	76	108	140	172	204	236
13	45	77	109	141	173	205	237
14	46	78	110	142	174	206	238
15	47	79	111	143	175	207	239
24	56	88	120	152	184	216	248
25	57	89	121	153	185	217	249
26	58	90	122	154	186	218	250
27	59	91	123	155	187	219	251
28	60	92	124	156	188	220	252
29	61	93	125	157	189	221	253
30	62	94	126	158	190	222	254
31	63	95	127	159	191	223	255

16	48	80	112	144	176	208	240
17	49	81	113	145	177	209	241
18	50	82	114	146	178	210	242
19	51	83	115	147	179	211	243
20	52	84	116	148	180	212	244
21	53	85	117	149	181	213	245
22	54	86	118	150	182	214	246
23	55	87	119	151	183	215	247
24	56	88	120	152	184	216	248
25	57	89	121	153	185	217	249
26	58	90	122	154	186	218	250
27	59	91	123	155	187	219	251
28	60	92	124	156	188	220	252
29	61	93	125	157	189	221	253
30	62	94	126	158	190	222	254
31	63	95	127	159	191	223	255

32	48	96	112	160	176	224	240
33	49	97	113	161	177	225	241
34	50	98	114	162	178	226	242
35	51	99	115	163	179	227	243
36	52	100	116	164	180	228	244
37	53	101	117	165	181	229	245
38	54	102	118	166	182	230	246
39	55	103	119	167	183	231	247
40	56	104	120	168	184	232	248
41	57	105	121	169	185	233	249
42	58	106	122	170	186	234	250
43	59	107	123	171	187	235	251
44	60	108	124	172	188	236	252
45	61	109	125	173	189	237	253
46	62	110	126	174	190	238	254
47	63	111	127	175	191	239	255

64	80	96	112	192	208	224	240
65	81	97	113	193	209	225	241
66	82	98	114	194	210	226	242
67	83	99	115	195	211	227	243
68	84	100	116	196	212	228	244
69	85	101	117	197	213	229	245
70	86	102	118	198	214	230	246
71	87	103	119	199	215	231	247
72	88	104	120	200	216	232	248
73	89	105	121	201	217	233	249
74	90	106	122	202	218	234	250
75	91	107	123	203	219	235	251
76	92	108	124	204	220	236	252
77	93	109	125	205	221	237	253
78	94	110	126	206	222	238	254
79	95	111	127	207	223	239	255

128	144	160	176	192	208	224	240
129	145	161	177	193	209	225	241
130	146	162	178	194	210	226	242
131	147	163	179	195	211	227	243
132	148	164	180	196	212	228	244
133	149	165	181	197	213	229	245
134	150	166	182	198	214	230	246
135	151	167	183	199	215	231	247
136	152	168	184	200	216	232	248
137	153	169	185	201	217	233	249
138	154	170	186	202	218	234	250
139	155	171	187	203	219	235	251
140	156	172	188	204	220	236	252
141	157	173	189	205	221	237	253
142	158	174	190	206	222	238	254
143	159	175	191	207	223	239	255

옮긴이 최유정
덕성여자대학교 스페인어과를 졸업하고, 서울대학교 서어서문학과 대학원에서 공부했다. 서울대학교와 연세대학교에서 스페인어를 가르치며 스페인어권 문학과 문화를 소개하고 있다. 제6회 한국문학번역 신인상을 수상했다. 옮긴 책으로 『표류자들의 집』 『영원한 젊음』 『망할 놈의 수학』 『수학이 정말 우리 세상 곳곳에 있다고?』 『물리학이 정말 우리 세상을 움직인다고?』 등이 있다.

청소년을 위한 이야기 수학

1판 1쇄 2023년 2월 20일
1판 2쇄 2023년 5월 12일

지은이 아드리안 파엔사
옮긴이 최유정
펴낸이 김정순
편집 조장현 허영수
디자인 이강효
마케팅 이보민 양혜림 정지수

펴낸곳 (주)북하우스 퍼블리셔스
출판등록 1997년 9월 23일 제406-2003-055호
주소 04043 서울시 마포구 양화로 12길 16-9(서교동 북앤빌딩)
전자우편 henamu@hotmail.com
홈페이지 www.bookhouse.co.kr
전화번호 02-3144-3123
팩스 02-3144-3121

ISBN 979-11-6405-197-7 43410